AF249929

LA CONSTITUTION

INTÉRIEURE

DE LA TERRE

PAR

M. R. RADAU.

PARIS,

GAUTHIER-VILLARS, IMPRIMEUR-LIBRAIRE

DU BUREAU DES LONGITUDES, DE L'ÉCOLE POLYTECHNIQUE,

SUCCESSEUR DE MALLET-BACHELIER,

Quai des Augustins, 55.

1880

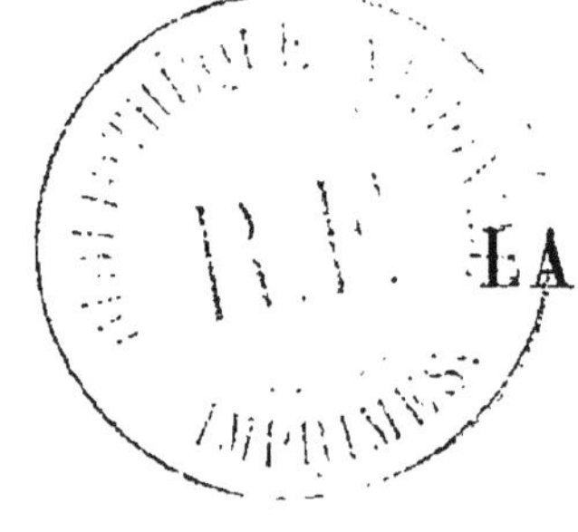

LA CONSTITUTION

INTÉRIEURE

DE LA TERRE

5719   PARIS. — IMPRIMERIE DE GAUTHIER-VILLARS,

Quai des Augustins, 55.

ACTUALITÉS SCIENTIFIQUES.

LA CONSTITUTION

INTÉRIEURE

DE LA TERRE

PAR

M. R. RADAU.

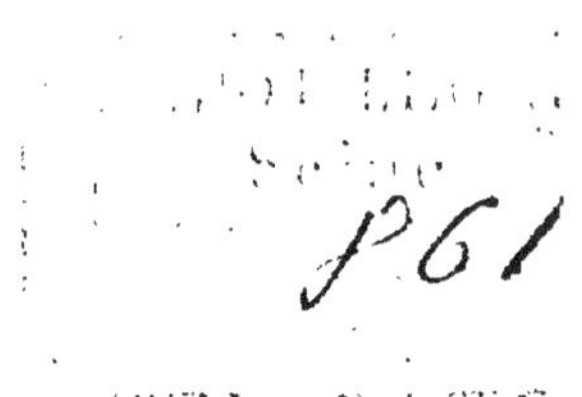

PARIS,

GAUTHIER-VILLARS, IMPRIMEUR-LIBRAIRE

DU BUREAU DES LONGITUDES, DE L'ÉCOLE POLYTECHNIQUE,

SUCCESSEUR DE MALLET-BACHELIER,

Quai des Augustins, 55.

1880

LA CONSTITUTION

INTÉRIEURE

DE LA TERRE

En voyant se multiplier de jour en jour les découvertes sur la composition et l'état physique des corps célestes les plus éloignés de nous, on est porté à se demander comment il se fait que nous soyons encore si mal informés de la constitution intime de la planète qui nous a été assignée pour séjour. Les puits, les mines ont à peine entamé la croûte solide sous laquelle se cachent les mystères de l'abîme. Les notions incertaines et confuses que nous avons de la condition probable de l'intérieur du globe nous sont fournies par des analogies, par des inductions tirées de faits qui s'observent à la surface terrestre ou dans le ciel. Bien peu de lumière nous est venu, sur cette matière, de l'expérience directe. C'est que les entrailles de la Terre ne sont pas d'un facile accès : quoi qu'en dise le poète, on ne descend pas si aisément aux enfers.

Le domaine des astres nous est moins fermé,

Depuis près de deux siècles, beaucoup d'argent a
été dépensé pour la construction de télescopes gigantesques à l'aide desquels on a pu sonder l'espace;
aucune tentative n'a été faite pour aborder directement, en vue d'une exploration scientifique, les té-
nèbres du monde souterrain. Les mines qui ont été
creusées sur tant de points n'avaient pour but que
l'exploitation des richesses minérales, et les profondeurs qui ont été atteintes ne dépassent guère,
et dans des cas très rares seulement, un millier de
mètres. C'est à peine la six-millième partie du che-
min qu'il faudrait faire pour aller jusqu'au centre
de la Terre : ce que seraient des piqûres d'un milli-
mètre de profondeur sur une sphère de 13^m de diamètre, grosse comme une petite maison.

Malgré cette pénurie de données positives, il ne
sera peut-être pas sans intérêt de résumer l'état de
nos connaissances sur cette obscure matière et de
montrer par quels côtés la question devient acces-
sible à la Science.

I. — Figure de la Terre.

La forme extérieure, la *figure* des planètes peut,
jusqu'à un certain point, témoigner de leur origine
et de leur condition actuelle. Ces globes, légère-
ment aplatis, qui gravitent autour du Soleil ont dû
s'arrondir sous l'empire des mêmes lois qui façon-
nent les gouttes de pluie et les grains de plomb :
on ne peut se défendre de penser que ce sont des

spécimens, dans de plus vastes proportions, de ces « figures d'équilibre » que prennent les masses liquides abandonnées à elles-mêmes par l'effet des forces intérieures qui assemblent et lient leurs molécules. Tous ces sphéroïdes ont été sans doute ou sont encore des gouttes liquides, et des gouttes aplaties par suite de leur mouvement de rotation. Newton avait deviné l'aplatissement de la Terre en partant de cette idée qu'elle avait dû être primitivement liquide, car la force centrifuge qui naît de la rotation tend à renfler l'équateur aux dépens des régions polaires.

Lorsqu'on fait tourner une fronde, la tension de la corde prouve que la pierre qui est au bout fait effort pour s'échapper; elle s'envole dès que la corde défaite cesse de la retenir. De même, il arrive parfois que des meules de grès que l'on fait tourner trop vite se brisent sous l'effort de la force centrifuge, et que les éclats soient lancés au loin. C'est ainsi que les particules d'une sphère qui tourne sur elle-même tendent à s'éloigner de l'axe de rotation, et cette tendance centrifuge croît depuis les pôles, où elle est nulle, jusqu'à l'équateur, où elle atteint son maximum. Sur la Terre, elle a pour effet de diminuer la pesanteur : les corps semblent un peu moins lourds sous l'équateur que sous les cercles polaires.

Concevons maintenant la Terre entièrement liquide; les masses équatoriales, chassées par la force centrifuge, s'élèveront, tandis qu'une dépression se produira aux deux pôles. Pour le comprendre, il faut imaginer un siphon dont les deux branches, partant du centre, vont aboutir l'une à l'un des pôles et l'autre à un point de l'équateur ; les deux colonnes liquides ne pourront être en équilibre que si la colonne équatoriale, qui contient des molécules plus légères grâce à la force centrifuge, est plus longue que la colonne polaire, où se trouvent des molécules qui n'ont rien perdu de leur poids. La sphère devient un sphéroïde aplati. On peut observer cette déformation en faisant tourner rapidement autour d'un axe vertical une sphère d'argile ou des cercles d'acier flexibles ; c'est une expérience qui se fait dans les Cours de Physique. L'aplatissement du sphéroïde se conserve lorsque la masse liquide se solidifie d'une manière plus ou moins complète.

En rapprochant du centre les deux pôles tandis qu'il en éloigne les points de l'équateur, cet aplatissement augmente encore l'écart entre l'intensité de la pesanteur à l'équateur et aux pôles. On pourrait constater cet écart en mesurant, par la tension d'un ressort, le poids apparent d'un même kilogramme sous les différentes latitudes ; mais un moyen plus sûr d'apprécier les variations de la pesanteur est fourni par les oscillations du pendule, qui sont d'autant plus lentes que l'attraction terrestre est plus faible. L'astronome Richer, ayant été envoyé à Cayenne en 1672 pour y observer la planète Mars, avait remarqué qu'un pendule réglé à

Paris retardait à Cayenne de deux minutes et demie par jour. C'est cette observation, d'abord inexpliquée, qui fit soupçonner à Newton que la Terre devait être un sphéroïde aplati.

On comprend maintenant que la connaissance exacte de la figure de la Terre ait une grande importance au point de vue des hypothèses qu'on peut faire sur la constitution intérieure de notre planète. La Géodésie, cet arpentage en grand qui prend ses points de repère à la fois sur la Terre et dans le ciel, n'a pas encore terminé son œuvre. Depuis l'abbé Picard, à qui nous devons la première mesure d'un degré du méridien, et les célèbres voyages de Bouguer et La Condamine au Pérou, de Maupertuis en Laponie, qui confirmèrent l'aplatissement du globe, de grands travaux du même ordre ont été exécutés dans presque toutes les parties du monde ; l'Association géodésique internationale, constituée depuis quelques années, s'occupe de les relier entre eux, de les compléter et d'en tirer un résultat — provisoirement — définitif.

Nous savons avec certitude que la figure de la Terre ne s'éloigne pas beaucoup d'une sphère parfaite, car l'aplatissement qui résulte des mesures géodésiques est, en nombre rond, égal à $\frac{1}{300}$, d'où il suit que le rayon équatorial ne surpasse le rayon polaire que de 22^{km}. Ce nombre, qui représente l'épaisseur du renflement équatorial, égale deux fois et demie la hauteur du Gaurisankar. quatre fois et demie celle du Mont-Blanc ; mais il faut toujours avoir présent à l'esprit que, sur une boule de 13^m de diamètre, les 22^{km} en question ne produiraient qu'une inégalité de 2 centimètres qui serait tout à fait imperceptible pour nos yeux. De même, le relief naturel du sol ne donne lieu qu'à des irrégularités insignifiantes : les Alpes ou l'Himalaya seraient figurés, sur la boule de 13^m, par des saillies de quelques millimètres seulement, et les plus grandes profondeurs océaniques n'y dépasseraient pas 1 centimètre.

Si petites que soient toutes ces inégalités relativement aux dimensions de la Terre, elles ne peuvent échapper à l'observation, puisqu'elles nous apparaissent sous la forme de montagnes et de vallées. Néanmoins la recherche de la véritable figure de la Terre est un des problèmes les plus épineux qui soient, dès qu'il s'agit de sortir des approximations dont on peut se contenter dans un Traité de Géographie.

Depuis Newton, on avait toujours admis que la Terre était un ellipsoïde de révolution, en d'autres termes, que les méridiens étaient des ellipses, l'équateur et tous les parallèles des cercles ; on cherchait seulement à déterminer, une fois pour toutes, l'ellipticité propre à ces méridiens et supposée partout la même. Il y a vingt ans, les calculs du capitaine Clarke, fondés sur l'ensemble des grandes triangulations qui avaient été exécutées jusqu'alors dans les différentes parties du monde, conduisirent à cette conclusion que l'équateur lui-même avait

une forme elliptique, que les méridiens, par conséquent, étaient des ellipses inégalement aplaties.

D'après Clarke, l'aplatissement de l'équateur était
de $\frac{1}{3270}$, c'est-à-dire environ dix fois plus petit que
l'aplatissement moyen des méridiens ; il représentait donc une dépression de 2^{km}, et cette dépression
existait sous le méridien qui passe à l'est par l'ar-
chipel de la Sonde et à l'ouest par l'isthme de
Panama, tandis que le renflement se trouvait sous
le méridien de Vienne, qui traverse l'Europe centrale et l'Afrique. La Terre était, en définitive, un
ellipsoïde à trois axes inégaux, et ce résultat pouvait, à la rigueur, se concilier avec l'hypothèse de
la fluidité primitive de la Terre, car la forme en
question est comprise parmi les figures d'équilibre
que peut prendre un liquide en rotation.

Toutefois, en y regardant de près, on trouve que
les calculs de Clarke ont pu être fortement influencés
par des anomalies qui existent probablement dans
quelques-uns des réseaux géodésiques employés, et
il semble que la majorité de ceux qui ont quelque
autorité en ces matières soit revenue à l'ellipsoïde
de révolution ([1]).

Lorsque l'on dit *figure de la Terre,* on entend
par ces mots la forme géométrique d'une surface

([1]) On peut encore démontrer que la Terre est formée de
couches d'égale densité, à très peu près sphériques, et que ces
couches sont des ellipsoïdes d'équilibre si la surface extérieure
est un ellipsoïde de cette nature (J.-N. PRATT, *Philos. Mag.*, novembre 1863).

idéale qui coïncide avec le niveau moyen de la mer libre et que l'on prolonge par la pensée au-dessous des continents. En effet, les opérations géodésiques sont toujours réduites, par le calcul, *au niveau de la mer*, après que les altitudes des stations ont été déterminées par des nivellements qui partent du littoral le plus proche. La grande difficulté, c'est de définir exactement ce niveau pour une station donnée.

Longtemps on s'est contenté d'admettre qu'en un point quelconque du globe la surface idéale de la mer libre était une surface *horizontale*, en d'autres termes, qu'elle était parallèle au niveau des liquides au repos et perpendiculaire à la direction du fil à plomb. Mais cette définition est insuffisante, comme il est facile de le montrer.

La verticale apparente indiquée par le fil à plomb, ou déterminée au moyen du niveau d'eau, du bain de mercure, etc., n'est autre chose que la direction effective de la pesanteur, qui peut être notablement influencée par des attractions locales dues à une distribution irrégulière des masses dont le sol est formé : le voisinage d'une montagne peut faire fléchir le fil à plomb d'une manière très sensible, et une caverne souterraine peut causer une déviation en sens opposé.

Concevons maintenant les continents découpés par un réseau de canaux qui relient toutes les mers et en fassent, pour ainsi dire, une nappe continue; faisons abstraction des oscillations périodiques auxquelles donnent lieu les marées ; cette nappe, supposée immobile, qui représente le niveau moyen de la mer libre, offrira des intumescences suivies de dépressions par lesquelles s'accuseront les influences locales qui produisent la déviation du fil à plomb.

L'attraction des continents doit causer une surélévation notable du niveau de la mer le long des côtes et un abaissement proportionnel du même niveau au large. Cette influence des continents a été signalée en 1842 par M. Saigey, qui trouve 36^m pour l'exhaussement probable de la mer sur les côtes de l'Europe. Sept ans plus tard, un célèbre physicien anglais, M. Stokes, a repris cette question en y appliquant toutes les ressources de l'Analyse mathématique [1], et Philipp Fischer, en 1868, a calculé que le dénivellement dû aux attractions des masses continentales peut aller jusqu'à 900^m [2].

Le niveau moyen des mers libres est donc, selon toute probabilité, une surface irrégulièrement ondulée. La surface idéale ou géométrique de la Terre sera le sphéroïde régulier qui s'écarte le moins pos-

---

[1] *On the variation of gravity at the surface of the Earth* (*Cambr. Philos. Trans.*, 1849). Borenius émet des idées analogues dans un Mémoire publié en 1843.

[2] Tout récemment M. de Benazet a trouvé 137^m pour la valeur probable de l'exhaussement de la mer dans le voisinage des côtes du Pérou (Note de M. Yvon Villarceau *Sur la détermination de la vraie figure de la Terre*, dans les *Comptes rendus des séances de l'Académie des Sciences*, 2 octobre 1871).

sible de ce niveau moyen, dont il égalise en quelque sorte le relief accidentel.

Les triangulations au moyen desquelles on mesure les arcs terrestres font connaître les dimensions et la configuration de ce sphéroïde par la comparaison des distances mesurées sur le terrain avec les amplitudes angulaires correspondantes qui se déduisent des latitudes et des longitudes astronomiques des stations. La partie la plus délicate des opérations consiste à faire la part des attractions locales qui inclinent l'horizon en faussant la direction du fil à plomb.

C'est surtout dans les triangulations de la Russie et de l'Inde que cette difficulté s'est fait sentir. Tandis que dans le Caucase le colonel Chodsko a constaté des déviations de 54″, que Schweitzer a trouvé dans les environs de Moscou, en rase campagne, des déviations de 8″ et de 9″, la chaîne de l'Himalaya n'a paru exercer sur le fil à plomb qu'une action insignifiante au lieu de la forte déviation que faisait prévoir la théorie, comme si ces montagnes étaient constituées par des roches plus légères que le sol de la plaine (¹).

(¹) La différence des latitudes géodésiques des stations Kalianpour et Kaliana a été trouvé de 5″,2 seulement plus grande que la différence de leurs latitudes astronomiques, tandis que l'attraction des montagnes (calculée avec la densité moyenne 2,75) aurait dû produire un écart de 15″,9 dans le sens du méridien. A Kaliana, la déviation totale aurait dû être de 32″,6 (de 27″,9 dans le méridien, et de 16″,9 dans le sens du parallèle), et à Kalian-

Les opérations dont il vient d'être question servent à déterminer la figure de la Terre par les angles que font avec l'axe du monde les verticales d'une série de stations, c'est-à-dire les directions de la pesanteur. Un autre moyen consiste à mesurer, sur un grand nombre de points, l'*intensité* de la pesanteur, et par là la distance au centre de la Terre, en comptant les oscillations d'un pendule : ces oscillations s'accélèrent quand l'attraction se manifeste avec plus d'énergie, quand, par conséquent, l'observateur se trouve plus près du centre.

Nous avons déjà vu que Richer avait remarqué ces variations du pendule lors de son voyage à Cayenne et que Newton en avait fourni l'explication. Au commencement de ce siècle, Biot, Sabine, Kater, Lütke, Foster et d'autres ont fait de nombreuses déterminations de ce genre, qui ont fourni une précieuse vérification des résultats de la Géodésie proprement dite. Mais il ne faut pas oublier que l'intensité de la pesanteur peut être troublée par les mêmes causes qui en altèrent la direction.

Une accumulation locale de roches très denses peut augmenter l'attraction terrestre, des vides peuvent la diminuer. La dénivellation de l'Océan dont nous avons déjà parlé, qui relève le niveau des eaux dans le voisinage des grands continents et

---

pour de 12",9 (et 12",0 dans le méridien, de 4",8 dans le sens du parallèle). *On the attraction of the Himalaya Mountains*, by the venerable J.-H. Pratt, 1854.

l'abaisse au large, a évidemment pour effet de rapprocher les îles du centre de la Terre, puisqu'elles se trouvent ainsi situées dans une sorte de vallée océanique. Cette remarque fait comprendre pourquoi les oscillations du pendule paraissent éprouver dans beaucoup d'îles une accélération autrement inexplicable ([1]).

II. — Densité de la Terre.

Les perturbations auxquelles sont ainsi soumises la direction aussi bien que l'intensité de pesanteur ont du moins permis de déterminer la densité moyenne de la Terre. Le principe de la méthode se comprend facilement. Supposons qu'on ait mesuré la déviation du fil à plomb dans le voisinage d'une montagne isolée dont il soit possible d'évaluer avec quelque précision le volume et le poids : la grandeur de la déviation permettra de calculer le rapport dans lequel la masse de la montagne est à la masse de la Terre, et, les volumes des deux masses étant connus, on pourra en conclure le rapport de leurs densités.

Un calcul analogue pourra être fait lorsque l'on aura compté les oscillations d'un pendule au sommet et au pied de la montagne. En transportant le pendule au sommet, on s'éloigne du centre de la

---

([1]) A. Fischer, *Die Gestalt der Erde und die Pendelmessungen* (*Astron. Nachr.*, 1876). *Voir* aussi Saigey, *Petite Physique du globe*. t. II, p. 138; Paris, 1842.

Terre et l'on doit perdre quelques oscillations par jour; mais l'attraction de la montagne compense en partic la diminution de pesanteur qui dépend de l'altitude, et l'on a ainsi le moyen de comparer sa masse à celle de la Terre.

Bouguer, dans son voyage au Pérou, n'avait point négligé d'appliquer ces méthodes. Aidé de La Condamine, il avait observé la déviation du fil à plomb sous l'action du Chimborazo, et il avait étudié la marche de son pendule sur la montagne volcanique de Pichincha (dont l'altitude est égale à celle du Mont-Blanc) et au niveau de la mer. Malheureusement l'imperfection des instruments, la rigueur du climat, la violence des vents, ne permirent pas aux deux astronomes français d'apporter à ces observations une grande précision ; les effets qu'ils s'étaient proposé de constater se trouvèrent beaucoup plus faibles que l'on ne s'y était attendu, et Bouguer crut devoir en conclure que les montagnes volcaniques du Pérou étaient creuses et ne représentaient que d'immenses ampoules vides à l'intérieur. En répétant ses expériences avec toutes les précautions que demandent des recherches d'une nature aussi délicate, on pourrait décider si l'insuffisance de ses résultats tient à des erreurs d'observation ou s'il s'est trouvé réellement en présence d'un phénomène analogue à celui qu'a présenté la chaîne de l'Himalaya ([1]).

______

([1]) M. Saigey a montré qu'en choisissant parmi les observa-

La méthode de Bouguer a été utilisée avec un plein succès, en 1774, par le célèbre astronome anglais Maskelyne. Ce dernier avait choisi pour ses expériences le mont Shehallien en Écosse; c'est une montagne complètement isolée, dont la constitution géologique est connue et la forme peu compliquée, ce qui simplifie les calculs.

Maskelyne détermina d'abord, par l'observation des étoiles qui passaient près de son zénith, les latitudes de deux stations, prises l'une au sud et l'autre au nord de la montagne, et dont la distance horizontale, mesurée par une triangulation, était de 1330^{m}. La différence des deux latitudes astronomiques fut trouvée égale à 43″, au lieu de 54″,6 que donnait la distance mesurée; l'excès de 11″,6 représentait la somme des déviations exercées par le Shehallien sur ses deux faces opposées.

Il restait à relever le relief exact de la montagne, à en évaluer le volume, la densité, le poids total, et à calculer, à l'aide de ces éléments, la valeur théorique de l'attraction qu'elle devait exercer sur le fil à plomb aux deux stations. C'est le géologue Hutton qui se chargea de cette besogne : elle prit trois années. Le résultat de ses calculs fut que la déviation observée s'expliquait en supposant que la densité moyenne de la montagne était à celle

----

tions de Bouguer celles qui paraissent avoir été faites dans de bonnes conditions, et en évaluant les attractions d'une manière plus exacte, on trouve pour la densité de la Terre un nombre qui s'accorde avec celui de Maskelyne.

de la Terre comme 5 est à 9. Hutton adopta d'abord pour la densité du Shehallien le nombre 2,5 (c'est à peu près la densité du grès quartzeux); dès lors, la densité moyenne du globe était 4,5. Plus tard, il modifia ces chiffres en prenant 3,0 pour la densité de la montagne et 5,4 pour celle de la Terre. L'étude géologique de cette montagne, entreprise dans la suite par Playfair et lord Webb Seymour, a donné pour la densité des roches qui la composent un chiffre intermédiaire entre ces deux évaluations, par lequel la densité de la Terre devient 4,7.

On n'a pas songé à compléter ces expériences par l'observation du pendule; il est vrai que la faible élévation du Shehallien (1000^m) ne promettait pas un effet très marqué. Une observation de ce genre a été faite par l'astronome Carlini, en 1821, au sommet du Mont-Cenis; elle a donné pour la densité du globe un nombre voisin de celui de Maskelyne ([1]).

En 1854, M. Airy a exécuté une expérience analogue au fond de la mine de houille de Harton; à une profondeur de 1220 pieds, il fut constaté que le pendule à secondes avançait de $2'',25$ par jour. On en conclut que la densité moyenne du

---

[1] Au mois de novembre 1871, le P. Secchi annonçait qu'il allait entreprendre avec le P. Denza et M. Miller une série d'observations du pendule en un point du tunnel des Alpes et dans une station située verticalement au-dessus de ce point (la différence de niveau était de 1600^m). Je ne sais si les résultats de ces observations ont été publiés.

-- 20 --

globe est à celle de la surface dans le rapport de 2,63 à 1, et, en prenant la densité de la surface égale à 2,3, celle du globe devient 6,1 ([1]).

M. Saigey a essayé d'obtenir la densité du globe par la déviation du fil à plomb due à tout un continent, en calculant la déviation théorique de la verticale pour Évaux, point central de la France et l'une des stations de la méridienne de Paris. D'après les calculs de Puissant, il existe entre la latitude astronomique et la latitude géodésique d'Évaux une différence de près de $7''$, qui semble indiquer que l'attraction de la portion méridionale de la France, qui est située au sud du parallèle d'Évaux, l'emporte sur l'attraction de la portion septentrionale. Or on peut, en s'aidant d'une bonne Carte orographique, calculer les hauteurs moyennes du sol tout autour d'Évaux jusqu'aux Pyrénées, aux Alpes et aux mers adjacentes, puis, avec ces hauteurs moyennes, calculer la résultante de toutes les attractions partielles qui sollicitent le fil à plomb à Évaux. M. Saigey a trouvé que, pour rendre compte de l'écart constaté par Puissant (qui

---

([1]) Soient h la profondeur de la mine, exprimée en fraction du rayon terrestre, et p la fraction dont s'accroît la pesanteur; soient encore D la densité à la surface et D_m la densité moyenne du globe, on aura

$$3 \frac{D}{D_m} + \frac{p}{h} = 2.$$

En prenant $h = \frac{1}{16500}$, $p = \frac{1}{19200}$, on trouve $\frac{D_m}{D} = 2,63,$

suppose que l'attraction du globe est environ trente mille fois plus grande que celle de toute la France sur Évaux), il faut que la densité moyenne de la Terre soit à celle du sol de la France comme $1,7$ est à l'unité. En prenant $2,5$ pour la densité du sol (rapportée à celle de l'eau), cela donne $4,25$ pour la densité du globe.

L'entreprise de Maskelyne peut être réduite aux proportions d'une expérience de cabinet : on peut donc peser la Terre sans sortir de chez soi. C'est ce qu'a fait pour la première fois l'illustre Cavendish.

Ce fils cadet du duc de Devonshire, qui sacrifiait ses espérances de fortune à son goût pour les sciences, avait commencé sa carrière pauvrement. « Ses parents, nous dit M. Biot, voyant qu'il n'était bon à rien, le traitèrent avec indifférence et s'éloignèrent peu à peu de lui. » Il s'en dédommagea en devenant un des premiers chimistes de son temps, et lorsqu'il fut célèbre, un de ses oncles, qui avait été général outre-mer, revint à point nommé pour lui laisser un héritage de $300\,000$ livres de rente. Il laissa lui-même, lorsqu'il mourut, âgé de soixante-dix-sept ans, une fortune de 30 millions. Cavendish était ainsi « le plus riche de tous les savants, et probablement aussi le plus savant de tous les riches ».

Cavendish avait reçu de Hyde Wollaston un appareil que ce dernier tenait lui-même, par voie d'héritage, de John Michell, et qui était destiné à mesurer le poids de la Terre par l'attraction que deux grosses boules de plomb exerçaient sur deux petites balles suspendues aux deux extrémités d'un levier mobile.

Il y avait certainement quelque chose d'inattendu, de bizarre, dans cette idée de vouloir observer l'attraction d'une boule de plomb, qu'on est habitué à regarder comme une masse inerte, de vouloir constater *de visu* la part infinitésimale qu'elle prend à l'œuvre de la gravitation universelle. On y réussit pourtant. Cavendish perfectionna l'appareil de Michell en y appliquant le principe de la fameuse balance de torsion de Coulomb, — la torsion d'un fil opposée comme force modératrice à l'attraction qui agit sur un levier porté par ce fil.

Ses expériences furent communiquées à la Société royale de Londres en 1798. Voici, en deux mots, comment se faisaient les observations. Un levier horizontal de sapin était suspendu à un fil métallique fixé au plafond d'une chambre fermée; à ses deux extrémités, il portait deux petites balles et deux lames d'ivoire sur lesquelles étaient tracées des divisions; deux lunettes, enchâssées dans les murs de la chambre et dirigées sur ces divisions, permettaient de suivre du dehors tous les mouvements du levier. Enfin deux grosses boules de plomb, pesant chacune 158^{kg} et soutenues par une règle tournante, pouvaient à volonté être éloignées ou rapprochées des deux balles par un mécanisme que l'on manœuvrait encore de l'extérieur. Or, toutes les fois qu'on les rapprochait des petites balles, on voyait celles-ci obéir à l'attraction des masses de plomb ; elles se déplaçaient, puis oscillaient autour d'une nouvelle position d'équilibre où la réaction de torsion du fil balançait l'attraction des grosses boules.

En soumettant au calcul les résultats de ces expériences, on a pu estimer la force d'attraction des boules en fraction de la pesanteur ; de là il est facile de déduire le rapport dans lequel la masse des boules est à celle de la Terre, et par suite la densité de la Terre comparée à celle du plomb. En définitive, Cavendish trouva 5,48 pour la densité de la Terre, celle de l'eau étant prise comme unité.

L'écart assez considérable qui existe entre ce nombre et celui fourni par les observations de Maskelyne engagea Hutton, alors fort avancé en âge, à refaire en entier le calcul des expériences de Cavendish. « Je ne pouvais, dit-il, avoir confiance dans ces résultats sans répéter tout le calcul. Cependant, après une longue vie dépensée en recherches abstraites de tous les jours depuis l'âge de dix ans, ayant maintenant quatre-vingt-quatre ans et me trouvant accablé d'infirmités, je pensais qu'on m'excuserait de reculer devant ce travail. Mais je n'eus pas de repos que je ne me fusse moi-même attelé à la besogne. » Hutton découvrit une foule de petites erreurs de calcul, et il trouva 5,31 pour la densité cherchée.

Les expériences de Cavendish ont été répétées par F. Reich, à Freiberg, à deux reprises, en 1837 et en 1849, puis à Londres, en 1842, par Francis Baily, sous les auspices de la Société astronomique. Reich trouva des nombres peu différents de celui de Maskelyne (5,44 et 5,58); le résultat de Baily fut un peu plus fort (5,67). Baily avait perfectionné l'appareil de Cavendish sous plusieurs rapports; il avait varié le diamètre et la nature des petites balles en faisant usage de balles de platine, de plomb, de laiton, de zinc, de verre et d'ivoire. Le nombre auquel il s'était arrêté était la moyenne de plus de deux mille expériences; néanmoins il ne mérite pas une grande confiance, car les résultats sont affectés d'erreurs systématiques dont la cause est restée longtemps inexpliquée.

Il valait la peine de reprendre la question avec toutes les ressources de la Science moderne. C'est ce qu'ont fait récemment deux physiciens français, MM. A. Cornu et J. Baille. Leurs expériences, commencées en 1870, ont déjà fait l'objet de plusieurs Communications intéressantes à l'Académie des Sciences ([1]).

Les appareils sont installés dans une des caves de l'École Polytechnique; ils sont beaucoup plus petits que ceux de Cavendish et de Baily, car, d'après une heureuse remarque de MM. Cornu et

---

([1]) *Comptes rendus des séances de l'Académie des Sciences*, 14 avril 1873, 4 et 18 mars et 22 avril 1878.

Baille, on a tout avantage, au point de vue de la déviation qu'on veut obtenir, à réduire les dimensions des appareils ([1]). On a donc pu réduire à 12^{kg} la masse attirante, qui est formée par du mercure contenu dans deux sphères creuses de fonte de $0^m,12$ de diamètre; par aspiration, on fait passer le mercure de l'une des sphères dans l'autre, de manière à doubler l'effet de l'attraction, et ce déplacement s'obtient sans choc ni trépidations ([2]). Le levier de la balance de torsion est un petit tube d'aluminium de $0^m,50$ de longueur, qui porte à ses deux extrémités deux boules de cuivre pesant chacune 109^{gr}; un miroir plan fixé en son milieu permet d'observer avec une lunette l'image d'une échelle horizontale placée à une distance de 5^m ou 6^m. Le moindre mouvement du levier est ainsi révélé par un déplacement des divisions de l'échelle. Le temps d'une oscillation double du levier est d'environ sept minutes. Les phases de ces oscillations sont enregistrées électriquement.

Le mérite principal de ce travail consiste dans

([1]) « On voit, en discutant la formule qui exprime la déviation, que l'on a tout bénéfice à cette réduction, car dans des appareils géométriquement semblables (le temps d'oscillation du levier restant le même) la déviation est indépendante du poids des boules suspendues et en raison inverse des dimensions homologues. »

([2]) Dans les dernières expériences, on a quadruplé la force à mesurer en portant de deux à quatre le nombre des sphères de mercure et en diminuant la distance d'attraction dans le rapport de $\sqrt{2}$ à 1.

une étude approfondie de toutes les causes de perturbation qui pourraient introduire des erreurs dans les expériences de cette nature ; aussi le résultat définitif pourra-t-il être accepté avec confiance. Le chiffre trouvé jusqu'ici est 5,56. Ajoutons que MM. Cornu et Baille ont découvert la cause d'erreur qui a fait trouver à Baily des nombres trop grands, et qui tient à la manière dont il effectuait la manœuvre de l'inversion des boules attirantes ; en corrigeant l'erreur systématique de ses expériences, il est probable qu'on trouvera un nombre peu différent de 5,55.

En résumé, la densité moyenne de la Terre paraît donc être cinq fois et demie celle de l'eau ; elle est double de la densité à la surface, qui ne diffère pas beaucoup de 2,5. Il s'ensuit qu'il doit y avoir dans l'intérieur de la Terre des masses très lourdes dont l'excès de densité compense le défaut de densité des roches superficielles. Cela n'a rien de surprenant, car les fortes pressions que supportent les couches profondes doivent nécessairement en augmenter la densité naturelle. Mais quelle est la loi suivant laquelle la densité augmente de la surface au centre ?

Legendre avait imaginé une loi assez simple, adoptée aussi par Laplace, d'après laquelle on aurait pour la densité à la surface 2,5, au milieu du rayon 8,5 et au centre 11,3, en supposant la densité moyenne égale à 5,5. Une loi différente, à laquelle M. Ed. Roche est parvenu en partant de considérations théoriques, donnerait pour la densité à la surface 2,1, au milieu du rayon 8,5, et au centre 10,6 (^{1}).

Cette concordance de résultats déduits d'hypothèses très différentes montre que l'indétermination du problème est assez limitée ; en adoptant les résultats de M. Roche comme les plus vraisemblables, nous pouvons dire que la densité moyenne du globe est à peu près double de la densité à la surface, et la densité au centre double de la densité moyenne. Les couches centrales ont une densité voisine de celle du plomb.

III. — Chaleur propre de la Terre.

L'existence d'une température élevée dans les couches profondes de la Terre est un fait dont il n'est plus permis de douter, bien que la loi suivant laquelle la chaleur augmente à mesure qu'on descend au-dessous de la surface soit encore loin

---

(^{1}) Le rapport de la densité moyenne du globe à la densité de la surface est, dans l'hypothèse de Legendre, 2,2, et dans l'hypothèse de M. Roche, 2,6 ; l'expérience de M. Airy, citée plus haut, a donné 2.63. Cette expérience semblerait donc confirmer l'hypothèse de M. Roche ; mais il est difficile d'adopter pour la densité à la surface le nombre 2,1, auquel conduit cette hypothèse lorsqu'on suppose la densité moyenne égale à 5,5. La loi de M. Roche s'exprime par la formule

$$D = D_0 (1 - 0,8 r^2),$$

où D_0 est la densité au centre, et D la densité d'une couche dont la distance au centre est r (à la surface, $r = 1$)

d'être exactement connue. Le P. Kircher, au xvııᵉ siècle, parle déjà de la chaleur souterraine qui se fait sentir au fond des mines (¹). Boerhaave et Boyle mentionnent également des observations concernant la chaleur qui règne dans les profondeurs du sol.

Cependant c'est seulement en 1740, près d'un siècle et demi après l'invention du thermomètre, qu'une tentative sérieuse est faite pour mesurer cette chaleur; elle est due à Gensanne, directeur des mines de plomb de Giromagny (Vosges), qui descend un thermomètre dans des profondeurs dépassant 400^m et constate que la température s'élève en moyenne de $1°$ pour 19^m.

Vers la fin du siècle, Horace de Saussure, voulant vérifier si la chaleur propre du globe peut contribuer à la fusion des glaciers, fait une expérience du même genre dans les salines de Bex, où il trouve une augmentation de $1°$ pour 37^m. Depuis cette époque, les expériences se sont multipliées; il suffira d'en citer les plus importantes.

Cordier, dans son célèbre *Essai sur la température de l'intérieur de la Terre,* qu'il lut à l'Académie des Sciences dans le courant de l'année 1827, a réuni les travaux de ses devanciers et les résultats qu'il avait obtenus lui-même dans quelques mines. Il avait trouvé dans les mines de Carmaux (Tarn) une augmentation de $1°$ pour 36^m, pour 19^m dans

---

(¹) *Mundus subterraneus,* t. II; 1664.

les mines de Littry (Calvados), pour 15^m à Decize (Nièvre). Le chiffre moyen auquel il s'arrête est de 1° pour 25^m. Il conclut de ces observations qu'à une profondeur de quelques centaines de kilomètres, on rencontrerait une chaleur de 100° du pyromètre de Wedgwood, qui suffit à faire fondre toutes les laves.

Pour arriver à des résultats dignes de confiance, il ne faut pas se contenter d'observer la température de l'air au fond de la mine, ou celle des eaux qui pénètrent dans les galeries, il faut enfoncer les thermomètres dans des cavités percées dans la roche rive, et les y laisser un temps suffisant pour qu'ils prennent la température du milieu ambiant.

En effet, les courants d'air qui s'établissent dans les mines en abaissent d'ordinaire la température, surtout lorsqu'ils produisent une évaporation active de l'humidité des parois ; c'est ainsi qu'il arrive que, dans quelques mines, la température de l'air reste inférieure à la température moyenne qui règne à la surface (comme dans les carrières de Maestricht). L'échauffement dû à la présence des ouvriers peut compenser cet effet dans une certaine mesure : on a calculé que dix ouvriers, munis chacun d'une lampe, pourraient échauffer de 1° l'air contenu dans une galerie de 4650^m de longueur, ayant 2^m de haut sur 1^m de large.

Quant aux eaux que l'on trouve dans les galeries, il est clair qu'elles ne peuvent en faire connaître la véritable température que si elles y ont séjourné quelque temps, car les eaux d'infiltration qui arrivent de la surface ou les eaux de source qui montent d'une certaine profondeur peuvent être ou plus chaudes ou plus froides que les roches qui leur livrent passage.

Le plus sûr est donc de déposer les thermomètres dans les excavations pratiquées dans les parois de la mine; encore faut-il se placer dans l'angle du front de taille, c'est-à-dire choisir la roche fraîchement entamée, qui n'a pas encore eu le temps de se refroidir au contact de l'air. Cordier perçait des trous de $0^m,65$. Reich, qui organisa dans les mines de l'Erzgebirge un vaste ensemble d'observations, faisait forer la roche jusqu'à 1^m de profondeur; il se servait de thermomètres construits spécialement pour cet usage, dont la tige très longue dépassait l'orifice du trou, qu'on bouchait avec du sable. Ces expériences ont été poursuivies, de 1830 à 1832, dans vingt mines différentes, représentant une surface de plusieurs lieues carrées. Les thermomètres étaient échelonnés, autant que possible, sur une même ligne verticale, à des profondeurs variant de 20^m à 350^m; on en relevait les indications deux ou trois fois par semaine. La discussion de ces observations a donné 42^m pour la profondeur qui correspond à une augmentation de 1° C. (¹).

(¹) On ne compare que les observations faites à partir d'une certaine profondeur (20^m) où la température ne varie plus avec les saisons.

Dans les mines de l'Oural, en Sibérie, Kupffer constata une augmentation bien plus rapide ($1°$ pour 20^m), tandis que les observations faites dans les mines de la Prusse donnent un accroissement moyen beaucoup plus lent ($1°$ pour 57^m, d'après Gerhard). Les résultats isolés présentent des divergences encore bien plus fortes.

Il semble d'ailleurs prouvé que la chaleur s'accroît plus vite dans les houillères que dans les gisements de métaux, dans les filons de cuivre plus que dans l'étain, dans les roches métallifères en général plus que dans les schistes, et dans ces derniers plus que dans le granit. Ces différences tiennent sans doute à la facilité plus ou moins grande avec laquelle ces terrains conduisent la chaleur, peut-être aussi à des phénomènes chimiques dont ils sont encore le siège.

Il faut dire aussi que, dans beaucoup de cas, le taux de la progression, loin d'être uniforme, semble se ralentir à mesure qu'on arrive à des profondeurs plus grandes. C'est ainsi que, d'après Fox, l'ensemble des observations recueillies dans les mines de Cornouailles et du Devonshire donnerait une différence de $1°$ C. pour 15^m à une profondeur d'environ 100^m, et pour 41^m lorsqu'on arrive à 350^m.

Ce ralentissement est aussi très sensible dans le fameux puits de Tcherguine, à Yakoutsk, lequel a été creusé dans un terrain entièrement gelé. Commencé en 1828, aux frais d'un négociant nommé

Fédor Tcherguine, qui espérait qu'on rencontrerait l'eau à une profondeur de 10^m, ce puits avait été en trois ans poussé à 35^m sans qu'on fût sorti de la terre glacée, et on allait renoncer à continuer les travaux si, fort heureusement pour la Science, l'amiral Wrangel, de passage à Yakoutsk, n'eût fait comprendre au propriétaire l'intérêt que pouvait présenter cette entreprise au point de vue de la Physique du globe. On continua donc à creuser pendant six années encore, et l'on atteignit ainsi la profondeur de 116^m; la terre y était toujours gelée, et les travaux furent définitivement arrêtés en 1837. On se contenta de couvrir le puits avec soin. En 1844, Middendorf eut l'occasion de le visiter et d'y faire une série d'observations thermométriques, d'après lesquelles la température moyenne est de $-11°,2$ à une profondeur de 2^m, de $-4°,8$ à 60^m, de $-3°,0$ au fond du puits (à 116^m). On voit qu'elle augmente d'abord de $6°,4$, puis de $1°,8$ seulement pour 60^m.

Les observations qu'on a pu faire dans les puits artésiens ont donné des résultats analogues, c'est-à-dire tout aussi discordants quant au taux de la progression.

Le chiffre moyen fourni par vingt-sept puits artésiens de Vienne serait, d'après Spasky, de $1°$ pour 20^m. Les expériences très précises que le physicien Magnus a instituées en 1831, à Rüdersdorf, près de Berlin, à l'occasion du forage d'un puits artésien qui a été poussé jusqu'à 280^m, ont donné le même résultat. Mais à Pregny, près de Genève, MM. de la Rive et Marcet ont trouvé 32^m pour la profondeur qui correspond à une augmentation de $1°$ C. (le puits a été poussé jusqu'à 220^m).

Ce chiffre représente assez exactement le taux moyen de l'accroissement de la température, tel qu'il résulte des sondages thermométriques exécutés dans les puits artésiens : en effet, Walferdin a trouvé un accroissement de $1°$ pour chaque 31^m dans le puits artésien de l'École militaire à Paris, dans celui de Saint-André (Eure), dans le puits de Grenelle, et beaucoup d'autres puits ont donné des chiffres compris entre 30^m et 35^m pour la différence de niveau qui correspond à une augmentation de $1°$.

Il suffit d'ailleurs de constater que l'eau qui s'échappe des puits de Grenelle (548^m) et de Passy (570^m) est à la température d'environ $28°$, tandis que la température moyenne de Paris est de $10°,6$, pour en conclure que cette eau emprunte aux couches profondes du sol un peu plus de $17°$, ce qui fait à peu près $1°$ pour 32^m.

Les forages beaucoup plus profonds de Neusalzwerk, près Minden, en Prusse (700^m), et de Mondorf, dans le grand-duché de Luxembourg (730^m), ont donné aussi une différence de $1°$ pour 30^m ou 31^m.

La comparaison des températures notées par Walferdin, près du Creusot, au fond d'un trou de sonde de 816^m de profondeur et dans un puits voisin,

de 554^m (38°,3 et 27°,2), pourrait faire croire
qu'à ces profondeurs l'accroissement est plus rapide que près de la surface du sol, puisque la différence observée est de 11° pour 262^m, ce qui
donne 1° pour 23^m,6. Mais il ne faut pas oublier
que des puits très voisins peuvent donner des résultats notablement différents : à Naples, d'après
M. Mallet, deux puits artésiens très profonds,
creusés à 1600^m de distance l'un de l'autre, donnent respectivement 45^m et 109^m pour la profondeur qui correspond à 1° de chaleur supplémen-
taire.

Enfin les expériences thermométriques qui ont
été faites en 1876 par M. Mohr, dans un puits de
4000 pieds de profondeur, percé à travers un roc de
sel à Speremberg, près de Berlin, ont conduit ce
physicien à admettre que le taux de la progression
se ralentit beaucoup à mesure qu'on descend au-
dessous de la surface, conclusion conforme à celle
que Fox avait déduite des observations faites dans
les houillères anglaises. M. Mohr a cru remarquer
que, depuis 700 pieds, où le thermomètre marquait
19°,6 C., jusqu'à 3300 pieds, où il marquait 46°,0,
la différence de température correspondant à une
différence de 100 pieds diminuait d'une manière ré-
gulière, de telle sorte qu'en continuant le sondage
on n'aurait plus trouvé au delà de 5000 pieds qu'un
accroissement à peine sensible. Mais M. A. Boué,
qui a vivement contesté les conclusions de M. Mohr,
a fait observer avec raison que les eaux d'infiltra-

tion ont pu abaisser considérablement la température des couches profondes, ce qui suffirait pour expliquer le ralentissement constaté par M. Mohr.

On emploie pour ces sortes de recherches les thermomètres à déversement, dont le réservoir se vide en débordant à mesure que la température s'élève ; le mercure resté dans la boule fait connaître le maximum qui a été atteint. C'est là le principe du thermomètre à maxima de Walferdin, du *géothermomètre* de Magnus, etc.

Des thermomètres à minima, d'une construction différente, servent à déterminer la température des profondeurs océaniques, qui sont généralement plus froides que la surface. Les nombreux sondages qui ont été exécutés depuis quelques années par les expéditions scientifiques anglaises ont mis hors de doute ce fait, que le fond de la mer est partout à une température peu différente de zéro, et ce phénomène s'explique en admettant que les eaux froides sont entraînées au fond par leur poids spécifique, tandis que les eaux réchauffées par le soleil et dilatées par la chaleur restent à la surface.

En faisant abstraction du trouble que les courants d'eaux chaudes, tels que le Gulf-Stream, apportent dans la distribution normale des températures, on peut donc dire que le lit de l'Océan est recouvert d'une eau glacée. Le fond des lacs d'eau douce est moins froid, parce que l'eau douce a un maximum de densité à $4°$: il en résulte que les masses liquides qui possèdent cette température sont entraînées au fond, tandis que les eaux plus chaudes ou plus froides montent vers la surface.

En résumé, la partie de l'écorce terrestre qui est couverte par les eaux demeure à une température relativement basse par suite de la stratification que les variations de densité établissent au sein des liquides; mais, s'il était possible de pratiquer des sondages dans le lit des mers, on y trouverait sans doute le même accroissement de température qu'on a constaté dans le sol congelé de la Sibérie.

En moyenne, on admet généralement que l'augmentation est de 1° pour 30^{m}. Si cette progression se continuait indéfiniment, il est clair qu'à une profondeur de 2700^{m} on devrait rencontrer la température de l'eau bouillante, et qu'au delà de 50^{km} la chaleur dépasserait 1600°, température à laquelle fondent le fer et la plupart des roches. C'est là l'argument principal de ceux qui soutiennent que l'écorce solide du globe n'a qu'une épaisseur de 40^{km} ou 50^{km}, qui lui donne, par rapport au noyau liquide, l'importance de la coquille d'un œuf. Il est certain que l'accroissement de la température avec la profondeur, constaté par tant d'observateurs, fait invinciblement naître l'idée d'un foyer souterrain qui possède une énorme chaleur. Mais à quelle distance de la surface faut-il en chercher le siège?

Les profondeurs que les sondages thermométriques ont explorées jusqu'à ce jour sont insuffisantes pour décider la question. Parmi les mines dont les travaux ont atteint une grande profondeur, on cite celles de Kitzbühl, dans le Tyrol (900^m), de Kuttenberg, en Bohême (1200^m); parmi les forages les plus profonds, ceux de Mondorf (730^m), de Mouille-Longe (920^m), de Speremberg (1260^m), etc. Pourquoi n'essayerait-on pas de pratiquer un forage au fond de quelque mine, afin de pénétrer encore plus avant dans les entrailles de la Terre?

Il serait à désirer aussi que les cavités naturelles qui existent dans certaines parties du globe fussent utilisées pour des explorations scientifiques. Les renseignements que l'on trouve à cet égard dans les vieux Livres sont malheureusement entachés d'exagération, et l'absence de témoignages récents nous empêche d'y démêler la part de vérité qu'ils renferment peut-être. Pontoppidan, dans son *Histoire naturelle de la Norvège,* parle d'un trou qui existe dans le voisinage de Frederikshall, et dans lequel la chute d'une pierre paraît durer deux minutes. « Si l'on pouvait supposer, dit Arago ([1]), que cette chute s'opère tout d'un trait, que la pierre ne ricoche pas, qu'elle ne s'arrête jamais tantôt sur une saillie des parois du trou et tantôt sur une autre, les deux minutes en question donneraient, pour la profondeur totale du trou de Frederikshall,

---

([1]) *Notice sur les puits forés*, 1834.

au delà de 4000^m, c'est-à-dire 800^m de plus que la hauteur de la plus haute cime des Pyrénées. » Mais il paraît bien qu'il s'agit ici du bruit continu d'une pierre qui roule et ricoche, et d'ailleurs les voyageurs modernes ne parlent plus du fameux trou de Frederikshall.

Je n'ai pu éclaircir davantage ce qu'il peut y avoir de vrai dans les récits concernant la légendaire caverne de Dolsteen, dans l'île Herroe (Norvège), qui, suivant une croyance répandue parmi les habitants, s'étendrait jusqu'au-dessous de l'Écosse. En 1750, dit-on, des ecclésiastiques s'y étaient aventurés assez loin et avaient entendu au-dessus d'eux gronder la mer ; arrivés au bord d'un précipice, ils y avaient jeté une grosse pierre dont le bruit était encore perçu au bout d'une minute.

Sans attacher aucune importance à ces renseignements puisés à des sources peu sûres, on peut cependant admettre qu'il doit exister des cavités naturelles qui pourraient être utilisées pour l'exploration des couches profondes de l'écorce terrestre. M. Babinet, qui caressait le rêve d'une Société par actions pour le creusement d'un trou très profond, pensait qu'on ne devait pas négliger le côté industriel de l'affaire.

« Nous ne sommes plus, dit-il quelque part, au temps où Voltaire raillait si amèrement Maupertuis, qu'il accusait d'avoir voulu percer la Terre de part en part, en sorte que nous aurions vu nos antipodes en nous penchant sur le bord du puits de cet antagoniste de l'irascible roi de la littérature. Personne ne niera aujourd'hui qu'il ne soit possible de faire descendre des galeries de mines à des profondeurs de plusieurs kilomètres, quand on a à sa disposition le choix du terrain, des dimensions convenables et le temps surtout!... Eh bien, arrivons à 4^{km} seulement sous terre et déblayons-y un local suffisant. Si les hommes n'en peuvent supporter la chaleur, les machines ne seront pas si délicates. Nous voici en possession d'un vaste local dont les parois sont à la chaleur de nos fours et de nos étuves. Amenons-y un ruisseau, une petite rivière; elle en ressortira plus chaude que l'eau bouillante et sera une vraie mine de chaleur, comme les précieuses couches de charbon de terre de l'Angleterre et de la Belgique (¹). »

On sait que la chaleur des sources de Chaudes-Aigues, dont la température atteint 80°, est utilisée par les habitants pour préparer leurs aliments, nettoyer leur linge et chauffer leurs maisons. « Des conduits en bois, établis dans toutes les rues de la ville, alimentent, au rez-de-chaussée de chaque maison, un réservoir servant de calorifère pendant les journées froides, et dispensant ainsi de foyers et de cheminées. En été, de petites écluses, placées à l'entrée de chaque tuyau d'amenée, arrêtent les eaux chaudes et les rejettent dans le

---

(¹) *Études et lectures sur les sciences d'observation*, t. II. Paris, Gauthier-Villars.

ruisseau qui coule au bas de la ville. Un chimiste, M. Berthier, a calculé que la chaleur fournie journellement par les sources égale celle que produirait la combustion de plus de $4\frac{1}{2}$ tonnes de houille; c'est assez pour donner une température confortable à l'intérieure des maisons et pour chauffer les rues elles-mêmes. La neige, qui tombe en grande abondance pendant l'hiver, fond aussitôt après la chute ([1]). »

Depuis que l'épuisement progressif des houillères oblige l'industrie à chercher le précieux combustible à des profondeurs de plus en plus grandes, on s'est occupé de savoir quelle serait la limite extrême des profondeurs accessibles. Le Rapport de la Commission d'enquête anglaise contient à ce sujet des renseignements très complets ([2]).

La seule cause, dit le Rapport, qui puisse pratiquement limiter la profondeur des mines, c'est l'élévation de la température. En Angleterre, on rencontre une température sensiblement constante ($10°$ C.) jusqu'à 15^m environ; à partir de là, la température augmente en moyenne de $1°$ par 37^m, de sorte qu'à 1^{km} de profondeur elle atteint la chaleur du sang ($37°$). Cette chaleur terrestre gêne les exploitations en échauffant l'air que l'on fait circuler à travers la mine; à une grande distance des puits, cette ventilation artificielle ne procure

---

([1]) Élisée Reclus, *La Terre*, t. I, p. 329.
([2]) *Mission de M. de Ruolz en France et en Angleterre*, Paris, 1875.

plus qu'un abaissement insignifiant de la chaleur des galeries.

C'est à l'origine des galeries que l'échauffement est le plus rapide, parce que la différence entre la température de l'air et celle des mines est alors à son maximum ; cette différence diminue à mesure que la course de l'air s'allonge ; cependant l'égalité ne s'établit jamais tout à fait. L'air s'échauffe surtout au contact de la houille fraîchement entamée, dont les parois sont plus chaudes que celles des voies permanentes de l'aérage.

Comme le fonçage des puits pour atteindre la houille à de très grandes profondeurs coûtera fort cher, on sera forcé de grandir le champ d'exploitation à partir de chaque fonçage, d'où résultera un allongement considérable des courants d'air. Or, bien que l'air en circulant absorbe la chaleur des couches et abaisse ainsi peu à peu la température de la mine dans le voisinage du puits, cet effet de refroidissement devient insignifiant à de longues distances : à 2^{km} du puits il est tout au plus de $3°$, à 3^{km} il atteint à peine $1°$.

Maintenant quelle est la plus haute température de l'air où l'homme puisse encore travailler sans danger pour sa santé ? Plusieurs témoignages recueillis par l'enquête anglaise mentionnent des températures vraiment extraordinaires qui auraient été supportées impunément dans les chambres des chaudières des bateaux à vapeur, ainsi que dans les ateliers où l'on souffle le verre. Il s'est présenté,

4.

paraît-il, des circonstances où un homme a pu travailler, sans altérer sérieusement sa santé, pendant que le thermomètre accusait 82°. Mais il faut observer que, dans ce cas, le thermomètre était évidemment influencé par la chaleur rayonnante et n'indiquait nullement le véritable état de l'air. En effet, dans une expérience faite sous la direction du Comité, il s'est trouvé qu'un thermomètre suspendu dans la chambre des chaudières d'un navire et exposé à leur rayonnement marquait 40°, tandis qu'un second thermomètre, abrité contre ce rayonnement, ne donnait que 25°. Il ne faut pas non plus oublier que les chauffeurs et les souffleurs de verre ne sont point, comme les mineurs, confinés dans leur enfer, et qu'ils peuvent de temps en temps aller respirer l'air frais du dehors.

Un des médecins consultés dans l'enquête, et qui a passé la plus grande partie de sa vie sous les tropiques, affirme qu'il a subi une température de plus de 52° à l'ombre (¹), et que la sécheresse de l'atmosphère rendait cette chaleur tolérable, tandis qu'une autre fois il n'avait pu supporter, par une atmosphère humide, la température relativement basse de 30°.

Par une autre déposition, l'attention du Comité fut appelée sur des travaux exécutés dans une mine de Cornouailles, où, disait-on, une source d'eau

______

(¹) M. V. Largeau, dans son dernier voyage à travers le Sahara, a vu le thermomètre dépasser 55° à l'ombre.

chaude portait la température de l'air à 5o° et en même temps le saturait d'humidité. On délégua le Dr John Burdon Sanderson pour visiter cette mine. Il fut constaté que le maximum de chaleur existait à l'extrémité d'une excavation peu profonde formant cul-de-sac, et où pénétrait un courant d'eau à 46°. Le thermomètre, qui à 1^m du fond accusait 4o°, tombait à 27° quand on l'en éloignait de 3^m. Cependant d'autres témoins avaient vu la chaleur s'élever davantage en cet endroit.

Les mineurs restaient dans les travaux six heures sur vingt-quatre; on employait à la fois quatre ouvriers, dont deux constamment au repos dans l'air frais et deux travaillant d'une manière intermittente. La durée totale du travail effectif de chaque homme n'atteignait donc pas trois heures par jour, et aucun mineur ne restait exposé à la chaleur plus de quinze minutes de suite. Selon le Dr Sanderson, les ouvriers, au moment où ils se retiraient dans l'air frais, semblaient complètement épuisés, mais cet état de prostration cédait promptement à des affusions d'eau froide; le témoin en conclut que ce genre de travail « n'est pas absolument incompatible avec la santé. » Il avait cependant appris que beaucoup d'ouvriers étaient forcés de renoncer à ces travaux après en avoir fait l'essai.

Somme toute, il est convaincu de l'impossibilité du travail dans l'air humide à une température égale à celle du sang (37°), si ce n'est par reprises de très courte durée. C'est du reste l'avis des autres médecins consultés par les commissaires de l'enquête. M. Grosjean, dans une Communication faite à l'Association française pour l'avancement des Sciences, parle, il est vrai, d'une mine qu'il a exploitée lui-même, où il y avait 43° dans les chantiers; mais ce sont là certainement des exceptions qui ne peuvent servir de règle.

Il paraît démontré que la température que les ouvriers peuvent supporter dans les mines dépend beaucoup de l'état hygrométrique de l'air et que les mines les plus profondes sont en général les plus sèches. La profondeur où la température de la Terre atteindrait celle du sang (37°) serait d'environ 1^{km}; avec la méthode d'exploitation par longues tailles, on pourrait la dépasser de plus de 100^m, grâce à la différence de près de 4° qui s'obtient entre la température de l'air et celle des couches du front de taille. Enfin il est à croire que des moyens de ventilation plus puissants permettront de pousser les exploitations à des profondeurs d'au moins 1200^m.

Peut-être même ira-t-on plus loin, grâce au système des *puits atmosphériques,* qu'un ingénieur français, M. Z. Blanchet, a récemment inauguré à Épinac; dans ces puits, l'extraction s'opère au moyen d'un tube pneumatique qui fonctionne par le vide et aspire les chariots tout en procurant une énergique ventilation. En perfectionnant ce système d'extraction, on pourra sans doute atteindre les gisements les plus profonds.

IV. — Phénomènes volcaniques.

En dehors des renseignements que nous fournissent sur la chaleur de l'abîme les excavations artificielles, les puits et les mines, nous en avons un témoignage irrécusable dans les sources thermales et dans l'ensemble des phénomènes volcaniques.

La température de certaines sources approche de 100° : celles de Chaudes-Aigues marquent 80° : la fontaine des Trincheras, au Vénézuela. 97° ; l'eau des geysers de l'Islande marque 85° à la surface et 127° à 20^m de profondeur.

Mais il est facile de voir que la température des sources chaudes ne représente pas nécessairement celle de la profondeur d'où elles viennent. Si l'on fait abstraction des phénomènes chimiques qui pourraient contribuer à échauffer l'eau dans sa course souterraine, il est une autre cause purement physique qui peut en accroître la température dans une forte mesure.

Lorsqu'on songe aux immenses cavernes de la Carniole et de l'Istrie, on n'aura pas de peine à admettre qu'il peut exister dans l'intérieur de l'écorce terrestre des fissures qui descendent jusqu'à 10^{km} ou 20^{km} de profondeur et qui sont remplies d'eau comme le gouffre qui vomit et absorbe périodiquement le lac de Zirknitz. A une profondeur de 2^{km} ou 3^{km}, cette eau possède déjà une température de 100° ; mais la pression de 200^{atm} ou 300^{atm}

qu'elle supporte empêche l'ébullition, car à 100° la
vapeur ne peut acquérir qu'une tension égale à
1^{atm}, et elle ne se forme que si la pression ne
dépasse pas cette limite. Sous des pressions plus
fortes, l'ébullition exige une température plus élevée (le *point d'ébullition* est la température à laquelle la tension de la vapeur égale la pression qui
pèse sur le liquide). Ainsi l'eau bout à 180° sous
une pression de 10^{atm}, à 225° sous 25^{atm}, etc.; au
delà de ces limites, la loi qui règle le phénomène
de l'ébullition n'est pas exactement connue, mais
on sait que la tension de la vapeur augmente beaucoup plus vite que la température, et l'on peut admettre qu'elle approche de 1200^{atm} vers 600°, de
5000^{atm} vers 1000°, etc.

Dès lors, il est clair qu'il y aura une profondeur
où la tension de la vapeur deviendra égale à la
pression, où par conséquent l'eau pourra entrer en
ébullition. En admettant que la température du sol
augmente de 1° par 20^{m}, on aurait déjà 600° à 12^{km},
et ce serait à cette profondeur que la tension de
la vapeur égalerait la pression (il faudrait descendre
plus bas si l'on adoptait une progression moins
rapide des températures). Or, si l'eau commence
à bouillir au-dessous d'un certain niveau, les vapeurs monteront à travers la masse et s'y conden-
seront de nouveau comme dans un réfrigérant, en
lui cédant une partie de leur chaleur; grâce à cet
apport incessant, les couches supérieures du liquide
pourront s'échauffer peu à peu bien au delà du de-

gré de chaleur qui règne au même niveau dans le sol. L'ébullition peut même se propager jusqu'à la surface, comme cela se voit dans les geysers de l'Islande.

En admettant de même que, dans les régions volcaniques, la température de 1000° existe à environ 20^{km} au-dessous de la surface, la vapeur qui se forme à cette profondeur peut acquérir une tension supérieure à 5000^{atm} et qui suffirait à soutenir le poids d'une colonne de lave de 20^{km} de hauteur. Une température de 1300° comporterait probablement une tension de 10000^{atm} (c'est à peu près le maximum de l'effort que les gaz de la poudre produisent dans l'âme d'un canon de gros calibre), et l'on voit qu'il y aurait là une force plus que suffisante pour expliquer les effets mécaniques dont les volcans nous offrent le terrifiant spectacle.

En tous cas, les volcans sont des témoins irrécusables de l'existence d'un foyer souterrain : ils semblent vraiment les mille portes de l'enfer où couve le feu éternel.

Le nombre des volcans connus s'accroît sans cesse avec les progrès de la Géographie, parce que parmi les contrées les moins explorées se rencontrent des régions éminemment volcaniques. A. de Humboldt en énumère 407, parmi lesquels 225 encore actifs ; on en connaît aujourd'hui plusieurs milliers, et, d'après M. Fuchs (^{1}), le nombre des

____

(^{1}) K. Fuchs, *Les volcans et les tremblements de terre* (*Bibl. scientif. internationale*). Paris, 1876.

volcans actifs peut être porté à 323. Il est d'ailleurs difficile d'établir la ligne de démarcation entre les volcans actifs et les volcans éteints, car la plupart des volcans offrent des périodes de repos qui peuvent être de plus d'un siècle. On sait que le Vésuve était considéré par les anciens comme une montagne parfaitement inoffensive jusqu'à la grande éruption de l'an 79, qui ensevelit Herculanum et Pompéi, et qu'il est resté comme endormi pendant trois siècles (1306-1631).

Lorsque l'on jette les yeux sur une Carte où les volcans sont marqués par des points rouges, ce qui frappe tout d'abord, c'est qu'ils sont presque tous situés à proximité des grands amas d'eau. Le plus grand nombre se trouve dans des îles, et, à peu d'exceptions près, les autres sont alignés sur les rivages de la mer ou des bassins lacustres. Autour du Pacifique, une série de montagnes ignivomes dessine un vaste cercle de feu, qui comprend les côtes occidentales de l'Amérique, les îles Aléoutiennes, le Kamtchatka, les Kouriles, les îles du Japon, les Philippines, les Moluques, jusqu'aux îles de la Sonde et à la Nouvelle-Zélande. En dehors de cette immense ceinture, on ne rencontre plus que des groupes isolés, mais toujours disposés près des bords de la mer ou voisins de quelque autre grande nappe d'eau.

Comment ne pas conclure de cette distribution géographique qu'il existe une liaison intime entre les phénomènes volcaniques et le voisinage de l'eau? Ne dirait-on pas que l'infiltration des eaux est une condition nécessaire des éruptions et que la force qui soulève les torrents de lave doit être la tension de la vapeur?

Cette opinion est confirmée par tout ce que nous ont appris de récentes découvertes sur la composition chimique des gaz vomis par les volcans. D'après M. Charles Sainte-Claire Deville, la fumée des volcans consiste principalement en vapeur d'eau. M. Fouqué a estimé à plus de 2 millions de mètres cubes la quantité d'eau qui est sortie de l'Etna sous forme gazeuse pendant l'éruption de 1865. Les nuages de vapeur sortis d'un cratère d'éruption se condensent souvent et retombent en pluies diluviennes, qui, en délayant les cendres volcaniques, produisent des torrents de boue.

Les coulées de lave sont d'ailleurs elles-mêmes imprégnées de vapeurs qui donnent à ces masses incomplètement fondues une remarquable fluidité et qui se dégagent rapidement pendant la descente de la coulée. Parfois même ces vapeurs emprisonnées occasionnent, en s'échappant brusquement des éruptions en miniature au milieu d'un torrent de lave qui commence à se figer. Le sel marin et les autres éléments de l'eau de mer se retrouvent également dans les produits gazeux des éruptions comme dans les dépôts des fumerolles, et les recherches de M. Fouqué sur la composition chimique des émanations du Vésuve, de l'Etna, du volcan de Santorin, ont montré que ces émanations proviennent en partie de la décomposition de l'eau marine.

Tant de preuves accumulées ne permettent plus de douter de l'intervention habituelle de l'eau dans la production des phénomènes volcaniques. Évidemment les eaux de la mer s'infiltrent dans des réservoirs souterrains par des fissures ou par trans-sudation sous l'influence de l'énorme pression qu'elles supportent; arrivées au contact des laves incandescentes qui existent à de grandes profondeurs, elles sont vaporisées, et la tension croissante des vapeurs violemment chauffées amène de temps à autre une explosion de ces chaudières souterraines. La chaleur des coulées se dissipe rapidement au contact de l'air; mais au fond des cratères la température de la lave incandescente peut être estimée à 2000°, car on a vu des métaux réfractaires se fondre au voisinage d'un courant de lave. Ne fût-elle que de 1200°, la tension de la vapeur qui se développe au contact de matières aussi chaudes suffit amplement à rendre compte de la force explosive qui produit les éruptions.

Il n'est même pas nécessaire de placer le siège de cette force à une profondeur aussi considérable que 20^{km} pour expliquer la présence des matières en fusion, car rien n'empêche de supposer que, dans les régions volcaniques, l'écorce du globe offre une épaisseur plus faible qu'ailleurs (¹). Il est

---

(¹) Le calcul de Sartorius de Waltershausen, d'après lequel la

fort possible que la surface interne de cette écorce soit creusée de longs sillons et fendillée par des crevasses, surtout le long des lignes où les contours des continents marquent les soudures des plaques d'inégales densités qui constituent la terre ferme et le lit de l'Océan.

La quantité de matières qu'un volcan peut rejeter dans une seule éruption dépasse tout ce que l'on peut imaginer. Le volume de la coulée de lave qui, lors de la grande éruption de 1840, sortit du cratère de Kilauea a été évalué à 5 milliards et demi de mètres cubes ; une masse encore plus considérable fut vomie, en 1855, par le cratère qui existe au sommet de la montagne de Mauna-Loa, dont le Kilauea représente l'évent inférieur. Mais ces éruptions sont bien peu de chose à côté de celle qui, en 1783, fit sortir du volcan islandais de Skaptar-Jokul une quantité de lave comparable au volume du Mont-Blanc, car on estime qu'elle n'a pas été inférieure à 500 milliards de mètres cubes ! D'après l'évaluation, probablement exagérée, de Zollinger, le volume total des scories et des cendres lancées en 1815 par un volcan de l'île Sumbava, le Timboro, à des distances de 500^{km}, égalerait deux fois celui du Mont-Blanc. On a des données plus précises sur l'explosion du Coseguina, petit volcan de l'Amérique centrale, qui, en 1835, fit

---

densité des laves refroidies (2,9) prouverait qu'elles viennent d'une profondeur de 125^{km}, ne repose sur rien de sérieux.

pleuvoir la pierre ponce sur les campagnes et sur
la mer dans un rayon de 1500^{km} et amena certainement au jour une masse de 50 milliards de mètres
cubes.

Lorsque l'on réfléchit à l'effort épouvantable
nécessaire pour soulever et pour projeter au loin
de telles masses, il est bien difficile d'admettre que
les foyers souterrains qui alimentent les volcans,
et dont l'activité se manifeste depuis les époques
les plus reculées, puissent n'être que des accumu-
lations locales de matières en fusion; on conçoit
encore moins que la chaleur de ces foyers puisse
être le résultat d'actions chimiques qui s'accomplissent au sein de la Terre. On ne peut échapper
à la nécessité de chercher la cause prochaine des
phénomènes volcaniques dans l'existence d'une
nappe incandescente continue au-dessous d'une
croûte solide d'une faible épaisseur, qui peut d'ailleurs varier de 20^{km} à 100^{km}. L'objection tirée de
la non-coïncidence des éruptions de volcans situés
dans une même région disparaît lorsque l'on
explique le mécanisme des éruptions par l'intervention plus ou moins fortuite des eaux d'infiltration.

La question se réduit alors à décider si le noyau
central sur lequel repose la nappe des laves est
lui-même liquide ou s'il est solide. C'est là un
point très controversé, et beaucoup de sagacité a
été dépensée pour trancher la question dans l'un
ou l'autre sens.

L'hypothèse du noyau liquide est celle qui a longtemps prévalu, et elle a toujours beaucoup de partisans. On a objecté qu'un noyau liquide éprouverait des marées qui briseraient à chaque instant sa mince enveloppe et produiraient d'épouvantables cataclysmes. Ampère, notamment, ne voyait pas comment concilier ces marées avec le calme qui règne à la surface terrestre. « Ceux qui admettent la liquidité du noyau intérieur de la Terre, disait-il, paraissent ne pas avoir songé à l'action qu'exercerait la Lune sur cette énorme masse liquide, d'où résulteraient des marées analogues à celles de nos mers, mais bien autrement terribles, tant par leur étendue que par la densité du liquide. Il est difficile de concevoir comment l'enveloppe de la Terre pourrait résister, étant incessamment battue par une espèce de levier hydraulique de 1400 lieues de longueur (¹). »

Aussi s'en tenait-il, avec Davy, à l'hypothèse d'un noyau non oxydé qui devient une source chimique intarissable de chaleur par le contact avec la croûte déjà oxydée. Dans cette manière de voir, un volcan n'est autre chose qu'une fissure permanente, une correspondance continuelle du noyau non oxydé avec les liquides qui surmontent la couche oxydée; toutes les fois qu'a lieu cette

---

(¹) Un résumé de cette théorie (dû à M. Roulin) forme la Note III des *Lettres sur les révolutions du globe*, par Al. Bertrand (9° édition. Paris, Hetzel).

5.

pénétration des liquides jusqu'au noyau, il se produit des élévations des terrains par suite de l'augmentation de volume qui résulte de l'oxydation. La chaleur engendrée par ces actions chimiques se propage à la fois vers l'extérieur et vers l'intérieur du globe, et, à mesure que l'oxydation de la croûte va plus avant, la région des actions chimiques s'abaisse au-dessous de la surface.

Cette théorie, difficile à soutenir, n'a plus de partisans aujourd'hui. On peut d'ailleurs répondre à l'objection tirée des marées qu'en y regardant de près elles ne produiraient sans doute qu'une flexion tout à fait insensible de la croûte solide et qui serait loin d'entraîner aucune dislocation. Enfin, il s'agit de savoir si les phénomènes séismiques ne révèlent pas l'existence de marées souterraines.

Cette question fait l'objet des recherches que M. Alexis Perrey, professeur à la Faculté des Sciences de Dijon, poursuit depuis plus de trente ans. M. Perrey s'est appliqué à réunir toutes les observations concernant des tremblements de terre qui ont été faites depuis le milieu du siècle dernier jusqu'à nos jours, et, en groupant convenablement les faits recueillis dans cet intervalle de cent vingt-cinq ans, il a pu mettre en évidence les rapports qui existent entre la fréquence des tremblements et l'âge de la Lune.

En premier lieu, si les phénomènes sont rapportés au mois lunaire, on constate l'existence de deux maxima aux époques des syzygies (nouvelle Lune et pleine Lune), tandis que deux minima correspondent aux quadratures (premier et dernier quartiers). Le Tableau suivant([1]) résume les résultats obtenus pour trois périodes différentes, en groupant les jours de tremblements par semaines correspondant aux phases de la Lune, et en réunissant d'une part les groupes correspondant à la nouvelle et à la pleine Lune et de l'autre ceux qui appartiennent au premier et au dernier quartier :

	NOMBRE DES JOURS DE TREMBLEMENTS.		
	1751-1800	1801-1850	1843-1872
Total....................	3,655	6,595	17,249
Aux syzygies.........	1,901	3,434	8,838
Aux quadratures....	1,754	3,161	8,411
Différence.....	147	273	427

Ces nombres ont été obtenus en regardant comme distincts les tremblements de Terre qui se sont produits dans des régions différentes, séparées par des régions non ébranlées. M. Perrey a donc compté pour un, pour deux, pour trois, etc., chaque jour de tremblement suivant qu'il y a eu ce jour-là des tremblements dans une, deux, trois, régions séparées. C'est le mode de supputation auquel il s'est définitivement arrêté ; mais il était arrivé au même

---

résultat en comptant simplement les jours lunaires
où la Terre a tremblé sans tenir compte du nombre
des régions ébranlées. Voici, en effet, les nombres
trouvés de cette manière pour deux des périodes
considérées :

	1751-1800	1801-1850
Total	2,735	5,338
Aux syzygies	1,421	2,761
Aux quadratures	1,314	2,626
Différence	107	135

La différence est toujours en faveur des syzygies :
il semble donc que ces sortes d'accès de fièvre dont
la Terre est saisie d'une manière intermittente se
produisent avec le plus de facilité aux époques où
le Soleil et la Lune peuvent combiner leur action
sur les parties liquides de l'intérieur du globe.

M. Perrey a encore examiné l'influence des posi-
tions de la Lune dans son orbite, en comparant
les nombres qui correspondent aux époques du
périgée et de l'apogée, c'est-à-dire aux époques où
la Lune est le plus près et le plus loin de la Terre.
Voici les résultats de cette comparaison, si l'on
réunit, pour chaque époque, les faits notés pendant
les périodes de cinq jours au milieu desquelles
tombe un périgée ou un apogée de la Lune :

	1751-1800	1801-1850	1843-1872
Au périgée	526	1,223	3,290
A l'apogée	465	1,113	3,015
Différence	61	110	275

Une troisième manière d'apprécier l'influence de notre satellite sur les phénomènes séismiques consiste à grouper ces derniers selon les heures du jour lunaire. On constate alors deux maxima de fréquence qui accompagnent les passages de la Lune au méridien supérieur et au méridien inférieur, ou ce que l'on pourrait appeler le midi et le minuit lunaires ; les minima tombent vers le milieu des intervalles. M. Perrey a discuté, sous ce point de vue, 824 secousses ressenties à Arequipa de 1810 à 1845, puis les journaux tenus par quatre observateurs à Monteleone, à Messine, à Catanzaro et à Scilla pendant les années 1783, 1784, 1785, qui ont été marquées par de grandes éruptions du Vésuve, enfin le journal de M. S. Arcovito, tenu à Reggio de 1836 à 1853. Dans toutes ces observations se manifeste, avec plus ou moins de netteté, la prépondérance des heures voisines du passage de la Lune au méridien.

Cette majorité constante en faveur des époques où les marées sont les plus fortes prouverait, ce semble, que l'action des causes qui les produisent s'étend au-dessous de l'écorce terrestre. Sans doute cette majorité est, en général, assez faible ; mais on la retrouve, de quelque manière que l'on groupe les faits. Il ne faut pas, d'un autre côté, oublier les perturbations locales auxquelles peuvent donner lieu les irrégularités de la surface intérieure de la pellicule solide.

Comme le fait remarquer M. Perrey, l'envers de

cette écorce doit présenter des anfractuosités et des courbes, des montagnes dont les sommets plongent dans le fluide central comme de gigantesques stalactites, et des vallées dont le thalweg, creusé par les courants volcaniques, se rapproche de la surface du sol. Ce système orographique interne doit modifier la marche et la propagation des ondes souterraines. L'onde se resserrera et gagnera en vitesse entre deux montagnes qui obstruent son passage, ainsi que cela s'observe dans les fleuves qui offrent des rapides ; elle s'épanouira et perdra de sa vitesse dans une plaine ou dans une vallée dont la direction lui permet de se développer librement. Elle ira battre contre les flancs, sur les pentes et dans les anfractuosités qu'elle rencontre sur son passage ; de là des compressions d'une nouvelle espèce, des chocs et des ébranlements moléculaires qui offriront un caractère ondulatoire, enfin des éboulements partiels et des fissures dans la voûte intérieure, dont les effets seront ressentis à la surface du sol comme des secousses ou comme des vibrations. Toutes ces circonstances font des tremblements de terre un phénomène très complexe.

Le niveau des laves, dans les volcans actifs, devrait laisser voir aussi une sorte de marée, mais les observations manquent à cet égard. Le seul fait de ce genre que l'on connaisse a été noté par MM. Scacchi et Palmieri, au mois de mai 1855, pendant l'éruption du Vésuve. Ces physiciens ont remarqué une recrudescence des laves, deux fois par jour, à des intervalles de douze heures environ, et avec un retard d'un peu moins d'une heure d'un jour à l'autre, comme on le constate pour les marées de l'Océan. L'éruption avait commencé le 1er mai, et l'intumescence périodique de la coulée a été observée depuis le 5 jusqu'au 19. Des observations régulières de cette nature seraient peut-être faciles à instituer dans l'île d'Havaii, sur les bords du lac de laves de Kilauea.

Il ne faut pas d'ailleurs perdre de vue que ces marées souterraines ne prouveraient nullement la liquidité du noyau, mais seulement l'existence d'une nappe liquide d'une certaine épaisseur. Nous verrons comment les phénomènes astronomiques peuvent fournir des données pour la solution de la question; mais il convient de nous arrêter d'abord aux considérations purement physiques qui ont été invoquées pour la trancher.

M. James Thomson a fait voir le premier que la compression devait abaisser le point de fusion et, par suite, retarder la congélation des liquides qui se dilatent en se solidifiant; c'est ce qui a été vérifié pour l'eau et ce qu'on observerait sans doute aussi pour la fonte de fer, qui est dans le même cas. Au contraire, pour les substances, beaucoup plus nombreuses, qui se contractent en se solidifiant, la compression est un moyen de faciliter la congélation par refroidissement; elle doit donc élever le point de fusion, et c'est ce qu'on a pu vérifier pour beaucoup de corps. Ainsi, le point de fusion du soufre, qui éprouve un retrait sensible en devenant solide, s'élève de 107° à 140° sous une pression de 800^{atm}. Or, d'après les expériences de Bischof, la plupart des roches sont dilatées par la fusion et se contractent en se solidifiant ; le granit, les schistes, le trachyte, perdent un cinquième de leur volume en redevenant solides. Cela posé, il devient probable, dit sir W. Thomson, que le noyau de la Terre est depuis longtemps solidifié.

En effet concevons la Terre d'abord entièrement liquide ; il s'établira dans la masse une sorte d'équilibre des températures où une température déterminée correspond à une pression donnée. Cette masse venant à se refroidir, la solidification pourra, en thèse générale, commencer soit au centre, soit à la surface ; la question est très complexe et ne peut être résolue que si l'on connaît certaines propriétés du liquide considéré. Mais, en admettant que la solidification commence à la surface, il se formera d'abord une mince pellicule, et cette pellicule étant, par hypothèse, plus lourde que le liquide qui la porte (puisque ce dernier se contracte en se solidifiant), il est certain qu'elle se brisera et que les morceaux iront au fond, où ils finiront par constituer un noyau solide. Ainsi, de toute manière, la masse devra se solidifier à partir du centre. La surface commence à se recouvrir définitivement d'une carapace solide quand toute la masse est arrivée à une température voisine du point de solidification, et sous cette croûte il pourra exister encore çà et là des amas de liquide.

Ce raisonnement est toutefois contestable à bien des égards. En premier lieu, les expériences de M. Mallet sur les scories des hauts fourneaux montrent que certains silicates se contractent beaucoup moins (de 6 pour 100 seulement). Ensuite le célèbre ingénieur Werner Siemens, auquel une excursion au Vésuve a fourni l'occasion de s'occuper de ce sujet, oppose à sir W. Thomson les observations qu'il a pu faire à Dresde dans la verrerie de son frère Fr. Siemens. Quand la masse vitreuse, parfaitement fondue, commence à se refroidir, elle se contracte d'abord rapidement, puis de moins en moins à mesure qu'elle prend une consistance pâteuse ; au moment de la solidification, il semble même qu'il y ait une faible dilatation. M. Siemens en conclut que la contraction qui accompagne la solidification des silicates fondus arrive pendant le passage de l'état liquide à l'état pâteux, de sorte que le raisonnement de sir W. Thomson prouverait tout au plus que les parties centrales du globe ont déjà pris une consistance pâteuse (¹).

En admettant que la croûte solide n'ait qu'une faible épaisseur et qu'elle enveloppe une nappe liquide reposant sur un noyau pâteux, on facilite l'explication d'une foule de phénomènes, et notam-

---

(¹) *Physikalisch-mechanische Betrachtungen* (*Monatsbericht der Akad. der Wiss. zu Berlin*, 1878).

6

ment l'ascension des laves dans les cheminées volcaniques, qui serait due en partie à la pression hy-
drostatique développée par le poids des masses
rocheuses ([1]). Cette pression pourrait même avoir
contribué au soulèvement des montagnes, en faisant
émerger les masses solides les plus légères au-dessus
du niveau d'une mer de lave plus lourde. Enfin,
les oscillations lentes du sol, qui se traduisent par
l'exhaussement ou la dépression de certaines côtes,
semblent trahir encore une certaine mobilité de
vastes portions de l'écorce solide qui éprouveraient
des mouvements de bascule par suite d'un déplacement séculaire de leur centre de gravité, et ce déplacement pourrait résulter des modifications de la surface extérieure sous l'action des eaux et de la surface
intérieure sous l'effort des laves. Les tremblements
de terre (dont la cause doit être cherchée aussi
bien dans les éboulements que peut occasionner le
tassement des roches ou l'action des eaux souterraines que dans les phénomènes volcaniques proprement dits) ne nous avertissent-ils pas tous les
jours que de grands changements s'accomplissent
dans les profondeurs du sol?

Sir George Airy lui-même est venu prêter l'ap-
pui de sa grande autorité aux partisans de l'hypothèse du noyau liquide dans l'intéressante confé-
rence qu'il a faite récemment à Cockermouth,

([1]) *Voir* à ce sujet un travail du Rév. Osmond Fisher, *On the
inequalities of the Earth's surface as produced by lateral pres-
sure* (*Cambr. Phil. Trans.*, t. XII).

devant un public de mineurs et de gens du monde (^{1}). Pour l'illustre astronome royal, l'écorce terrestre est formée de roches plus ou moins compactes qui flottent sur une masse de lave fluide ou semi-fluide : les roches les plus lourdes forment le lit des mers ; les roches plus légères forment les continents, et les parties montagneuses sont en même temps celles qui enfoncent le plus dans la lave, exactement comme un grand navire a plus de tirant d'eau qu'un petit. Il s'ensuit que, sous les montagnes, un volume considérable de lave relativement dense est déplacé par des masses plus légères, ce qui explique le peu d'effet que certaines chaînes (l'Himalaya par exemple) exercent sur le fil à plomb.

C'est encore sur l'hypothèse du feu central que repose la théorie du soulèvement des montagnes, telle que l'a formulée M. Élie de Beaumont. L'écorce terrestre, en se refroidissant, éprouve un retrait, puis des ruptures qui se produisent suivant des arcs de grand cercle ; la lave, comprimée par la croûte solide qui s'est resserrée, monte à travers ces fissures, dont elle plisse et relève les bords, et forme, en se solidifiant, de longs bourrelets qui constituent les chaînes de montagnes. Les eaux dont l'ancien lit a été soulevé cherchent alors d'autres bassins, et, à mesure que le calme se réta-

---

(^{1}) *On the probable condition of the interior of the Earth.* A lecture, by sir George Airy (*Transactions of the Cumberland Assoc.,* Part III, 1878).

blit, elles déposent les matières dont elles s'étaient chargées pendant la période de trouble : c'est ainsi que se forment des terrains de sédiment recouvrant des dislocations plus anciennes. Le relief actuel du globe serait ainsi le résultat d'une série de soulèvements séparés par de longs intervalles de calme, dont M. Élie de Beaumont a tenté d'établir la chronologie à l'aide de lois géométriques en vertu desquelles les chaînes contemporaines affectent des directions parallèles.

La théorie des soulèvements a ses côtés faibles, surtout la partie relative au synchronisme des formations ; elle a été vivement combattue par l'école de sir Charles Lyell, qui veut ramener tous les changements de la surface du globe aux actions lentes des forces qui sont encore à l'œuvre sous nos yeux. En considérant les effets prodigieux des éruptions volcaniques et des tremblements de terre, les oscillations séculaires du sol, les changements que l'action de la mer et celle des rivières opèrent encore de nos jours à la surface du globe, les partisans de l'*uniformité* des causes en Géologie rejettent l'idée des révolutions brusques qui sont invoquées dans le camp opposé.

Il est pourtant bien certain que la Terre a vieilli et que ses activités ont dû changer. Sir W. Thomson fait à cet égard une remarque judicieuse : « Il serait surprenant, mais à la rigueur admissible, que l'activité volcanique n'eût jamais été, au total, plus intense qu'à l'époque actuelle. Cependant il n'est pas moins certain que la Terre renferme aujourd'hui une provision d'énergie volcanique moindre qu'il y a mille ans, exactement comme un navire de guerre, après avoir entretenu un feu nourri durant cinq heures sans renouveler ses munitions, contient alors moins de poudre dans ses soutes qu'avant le combat. »

M. Charles Sainte-Claire Deville, dans ses Leçons du Collège de France (¹), invoquait encore, contre l'école de l'uniformité, des considérations empruntées à une étude de M. J. Bertrand sur la *similitude en Mécanique*. Déjà Galilée, dans un de ses *Dialogues*, avait expliqué pourquoi tant de machines qui réussissent en petit deviennent impraticables sur une grande échelle : c'est que la résistance d'un système solide n'est point proportionnelle à ses dimensions. Newton a donné plus tard un théorème qui détermine les conditions de la similitude de deux systèmes au point de vue du mouvement. Il en résulte qu'il ne sera pas permis, pour imprimer à un système donné un certain déplacement, de suppléer à un déficit dans la force par une longueur indéfinie du temps employé, qu'il n'est pas indifférent de lui appliquer dans l'unité de temps une force suffisante, ou de faire agir sur lui un nombre immense de fois une force incomparablement plus faible. « Ainsi, tandis que

---

(¹) *Coup d'œil historique sur la Géologie.* Leçons professées au Collège de France, par M. Ch. Sainte-Claire Deville. p. 258, Paris, 1878, Masson.

6.

l'élément du temps, lorsqu'il s'agissait de forces purement moléculaires, pouvait être indéfiniment multiplié au gré de l'hypothèse, cet élément est, pour les phénomènes mécaniques, dans un rapport nécessaire avec la masse à mouvoir et la force employée à ce mouvement. »

Les arguments physiques ne feraient donc pas défaut pour soutenir l'hypothèse des révolutions géologiques attribuées à la réaction du noyau liquide. Mais nous allons examiner ceux que nous fournit l'Astronomie.

V. — La cosmogonie de Laplace.

Emmanuel Swedenborg n'a laissé que le souvenir d'un théosophe et d'un thaumaturge ; c'était pourtant un ingénieur distingué, et, avant de devenir le chef d'une secte d'illuminés, l'assesseur du Collège des mines de Stockholm a publié des travaux qui ne sont point sans valeur. Dans son grand Ouvrage de 1734 (*Principia rerum naturalium*), sur lequel M. Nyrén vient de rappeler l'attention du monde savant (¹), on trouve exposée pour la première fois une théorie de l'univers qui ressemble beaucoup à la célèbre hypothèse cosmogonique de Laplace. Swedenborg, en effet, imagine un tourbillon solaire d'où peu à peu se détache un anneau dont la dislocation donnera naissance à des globes

---

(¹) *Vierteljahrsschrift der Astr. Ges.*, 1879, I.

planétaires accompagnés de satellites (¹). Vingt
ans plus tard, des idées analogues sont soutenues
par Emm. Kant, qui au reste n'a fait, paraît-il,
que commenter et développer les vues de Thomas Wright (²); dans ce système, les planètes
naissent directement de la condensation de la matière nébuleuse, sans formation préalable d'anneaux.

Ces tentatives sont curieuses au point de vue de
l'histoire de la Science; il en est de même de celle
de Buffon, qui suppose qu'une comète, en choquant le Soleil, en a fait sortir un torrent de matière qui s'est condensée pour former les planètes.
Mais c'est Laplace qui le premier a entrepris d'expliquer l'origine du système solaire par une théorie
fondée sur des principes rigoureux et conforme aux
données de la Mécanique céleste; ce qui distingue
les conceptions de son génie, c'est que les découvertes modernes, loin d'en ébranler la base, semblent au contraire leur donner chaque jour une
force nouvelle.

Laplace conçoit tous les astres formés par la condensation graduelle d'une nébulosité diffuse dans
l'espace et qui devient lumineuse à mesure qu'elle
est concentrée par l'effet de la gravitation. Le Soleil lui-même était d'abord une nébulosité à noyau

---

(¹) Le Chapitre est intitulé : *De chao universali solis et planetarum, deque separatione ejus in planetas et satellites.*

(²) *An original theory or new hypothesis of the Universe.*
Londres, 1750.

brillant. En supposant le système doué d'un mouvement de rotation (et c'est là un postulat qu'on ne peut éviter), l'atmosphère solaire prend d'abord une figure d'équilibre sphéroïdale, fortement aplatie et limitée dans ses dimensions par la zone où la force centrifuge balance la pesanteur. Les molécules situées au delà de cette limite cessent d'appartenir à l'atmosphère proprement dite et circulent librement autour de l'astre central comme des masses planétaires.

Or un principe de Mécanique nous apprend qu'à mesure que le refroidissement resserre l'atmosphère et condense à la surface du noyau les molécules qui en sont voisines, la vitesse de rotation augmente; la force centrifuge devenant ainsi plus grande, le point où la pesanteur lui est égale, ou la limite de l'atmosphère, se trouve plus près du centre, et les molécules reléguées dans la nouvelle banlieue deviennent planètes. En se contractant peu à peu, l'atmosphère solaire a donc dû abandonner des zones de vapeurs dans le plan de son équateur. Ces vapeurs abandonnées, — laisses de l'océan solaire, — ont dû former d'abord des anneaux concentriques circulant autour du Soleil, comparables à l'anneau de Saturne; ces anneaux n'ont pas tardé à se rompre en plusieurs masses qui, bientôt englobées elles-mêmes, ont pris la forme sphéroïdale, avec un mouvement de rotation dirigé dans le sens de leur révolution. C'est ainsi que sont nées les planètes, qui à leur tour ont donné naissance, en se refroidissant, aux satellites qui les accompagnent aujourdhui.

« Ainsi, dit Laplace, les phénomènes singuliers du peu d'excentricité des orbes des planètes et des satellites, du peu d'inclinaison de ces orbes à l'équateur solaire, et de l'identité du sens des mouvements de rotation et de révolution de tous ces corps avec celui de la rotation du Soleil, découlent de l'hypothèse que nous proposons et lui donnent une grande vraisemblance. » Elle explique encore pourquoi la durée de la rotation du Soleil (vingt-cinq jours) est moindre que celles de la révolution des diverses planètes; enfin le triple anneau de Saturne est en quelque sorte un témoignage visible de l'extension primitive de l'atmosphère de cette planète et de ses retraites successives. Tant de preuves concordantes donnent certainement à l'hypothèse cosmogonique de Laplace un très haut degré de probabilité.

Une dernière confirmation est fournie par les récentes découvertes dont nous sommes redevables à l'analyse spectrale. L'étude du spectre des nébuleuses a fait reconnaître que, si un grand nombre d'entre elles ne sont que des amas d'étoiles, d'autres sont réellement encore à l'état gazeux, véritables échantillons du chaos, et répondent parfaitement à l'idée que Kant, Laplace et W. Herschel se faisaient de la première phase des mondes sortis de la main du Créateur. Parmi ces nébuleuses, il y en a deux qui semblent composées d'un globe entouré d'un anneau, comme Saturne, et dans beaucoup d'autres on croit deviner les traces d'un mouvement gyratoire dont les tourbillons enfanteront des systèmes planétaires.

Parmi les travaux modernes qui ont affermi les bases et développé les conséquences de la théorie de Laplace, il faut placer au premier rang les belles recherches de M. Édouard Roche sur la figure des corps célestes, que l'auteur a récemment complétées par un *Essai sur la constitution et l'origine du système solaire* ([1]). M. Roche montre d'abord qu'en vertu de la forme particulière de la *surface libre* qui termine l'atmosphère (surface qui offre une arête saillante tout le long de l'équateur), lors de la contraction de la nébuleuse, une couche fluide doit couler des pôles vers l'équateur et s'échapper par l'arête saillante comme par une ouverture : c'est ainsi que se forme une zone équatoriale, indépendante de l'astre central, qui constitue un anneau extérieur.

Mais la théorie fait voir qu'en outre une partie du fluide descendu des régions polaires doit former des anneaux *intérieurs*, et c'est là l'origine des deux anneaux de Saturne, dont le rayon est moindre que deux fois le rayon de la planète, car, la limite équatoriale de l'atmosphère de Saturne étant aujourd'hui égale à 2, il n'y a pas pu avoir d'anneau *délaissé* en deçà de cette distance. La théorie de

---

([1]) Paris, in-4°. Gauthier-Villars; 1873.

Laplace, qui n'admet que des anneaux extérieurs, ne rend compte que de la formation du plus grand des trois anneaux. M. Roche pense que la Lune, elle aussi, est née d'un anneau intérieur, et qu'elle s'est progressivement développée au sein même de l'atmosphère terrestre, jusqu'à ce que celle-ci, se retirant peu à peu, ait abandonné son satellite ([1]).

Toutes les considérations qui militent en faveur de la conception de Laplace rendent évidemment très plausible l'hypothèse de la fluidité primitive de la Terre, mais elles ne décident pas la question de savoir si le noyau est encore liquide. Voici comment on a essayé d'élucider cette obscure question.

VI. — La rigidité supposée de la Terre.

Ce bourrelet équatorial, qui change si peu la forme générale de la Terre, a cependant une influence très sensible sur le mouvement de rotation du globe autour de son centre. Si la Terre était exactement sphérique et homogène, ou si elle était

----

([1]) Une autre modification de la théorie de Laplace a été proposée par M. ¡G.-H. Darwin; elle repose sur la réaction mutuelle d'une planète et de son satellite, d'où résulte un ralentissement séculaire de la rotation de la planète. Elle rend compte (parait-il) de l'anomalie que présente le premier satellite de Mars, qui a une révolution plus courte ($7^h,6$) que la rotation de la planète (24^h). Voir *A tidal theory of the evolution of satellites*, by G.-H. Darwin (*The Observatory*, juillet 1879).

formée de couches sphériques, homogènes et concentriques, l'attraction du Soleil n'aurait aucune prise sur ce mouvement de rotation : l'axe de la Terre resterait toujours parallèle à lui-même, il irait toujours percer la voûte céleste en un même point. Mais l'action du Soleil sur le renflement équatorial détermine peu à peu un changement de direction de l'axe de rotation de la Terre, et la Lune produit un effet analogue. L'ensemble de ces perturbations se traduit par cette oscillation lente et complexe de l'axe terrestre qui constitue les phénomènes astronomiques de la précession et de la nutation, et en vertu de laquelle le pôle céleste se déplace progressivement parmi les étoiles.

C'est de la considération de ces phénomènes que M. Hopkins a tiré une grave objection contre la fluidité intérieure de la Terre (¹). En déterminant l'effet dû à l'action du Soleil et de la Lune sur le renflement équatorial, dit M. Hopkins, on regarde la Terre comme un corps solide dont toutes les parties sont invariablement liées les unes aux autres, et qui doit participer tout entier à l'effet de ces actions perturbatrices. Mais, si la Terre est une masse liquide recouverte d'une croûte solide, ces actions ne se transmettront qu'à la partie solide, qui glissera en quelque sorte sur le noyau liquide. Les forces perturbatrices agissant dès lors sur une masse totale

---

(¹) *Transactions philos. de la Soc. royale de Londres,* 1839-1842.

beaucoup moindre que si elles entraînaient le globe entier, les changements q i en résultent dans le mouvement de rotation de la croûte solide doivent être beaucoup plus grands que ceux qu'on a obtenus en regardant la Terre comme une seule masse solide, et ils seront d'autant plus grands que la croûte sera supposée plus mince.

Pour mettre d'accord l'effet possible de l'action luni-solaire sur le bourrelet équatorial avec la grandeur connue de la précession et de la nutation, M. Hopkins estime qu'il faut attribuer à l'écorce solide du globe une épaisseur d'au moins 1300 ou 1600 kilomètres, qui représente $\frac{1}{5}$ ou $\frac{1}{4}$ du rayon terrestre.

Les calculs de M. Hopkins ont été repris vingt ans plus tard par sir William Thomson, dans son Mémoire sur *la rigidité de la Terre* (¹), où l'illustre physicien apporte aux vues de M. Hopkins tout le poids de son autorité. « Quelque objection que l'on fasse à la partie mathématique du travail de M. Hopkins, dit-il, je n'ai pu arriver à trouver aucune force dans les arguments par lesquels sa conclusion a été attaquée, et je suis heureux de voir mon opinion à ce sujet confirmée par une autorité aussi éminente que celle de l'archidiacre Pratt. Il m'a toujours semblé, en vérité, que M. Hopkins eût pu pousser plus loin son argumentation et conclure qu'aucune masse liquide continue, approchant des dimensions

---

(¹) *Trans. philosoph.*, 1863.

d'un sphéroïde de 6000 milles (9600^{km}) de diamètre, ne peut exister dans l'intérieur de la Terre sans rendre les phénomènes de la précession et de la nutation très sensiblement différents de ce qu'ils sont. »

Ces conclusions commençaient à être acceptées par les géologues, et l'hypothèse du noyau liquide passait peu à peu à l'état de préjugé suranné, quand le regretté M. Delaunay entreprit de battre en brèche l'argument principal et déclara qu'à son avis l'objection de M. Hopkins ne reposait sur aucun fondement réel ([1]).

« Prenons, pour fixer les idées, dit M. Delaunay, un ballon de verre rempli d'eau. Si nous admettons que ce liquide soit doué d'une *fluidité* absolue, il est clair qu'en imprimant brusquement au ballon un mouvement de rotation autour d'un axe vertical, il devra tourner seul, sans entraîner le liquide. C'est ce qu'on vérifie aisément en donnant au ballon un mouvement de rotation plus ou moins rapide ; des corps légers, en suspension dans l'eau, paraîtront ne pas bouger de place malgré la rotation du ballon. Mais en sera-t-il toujours de même, quelle que soit la vitesse du mouvement? Si l'on fait tourner le ballon avec une extrême lenteur, verra-t-on encore le liquide rester indifférent à ce mouvement de l'enveloppe? En admettant la flui-

---

([1]) *Comptes rendus des séances de l'Académie des Sciences,* 13 juillet 1868.

dité absolue du liquide, on fait abstraction de sa
viscosité. Or cette viscosité, bien que très faible,
n'est pas nulle, et il en résulte que, si la rotation
est suffisamment lente, le liquide sera entraîné par
le ballon, de sorte que le tout tournera tout d'une
pièce, absolument comme un corps solide. »

Cet entraînement du liquide a d'ailleurs été
constaté par M. Champagneur dans une série d'expériences entreprises, à la demande de M. Delaunay, au laboratoire de recherches de la Sor-
bonne ([1]).

Pour appliquer ce raisonnement au globe terrestre, admettons qu'il est formé d'une masse liquide recouverte d'une pellicule solide ; il est tout
d'abord évident que, sans les perturbations dues à
la présence du renflement équatorial, la masse entière tournerait tout d'une pièce autour de l'axe
polaire ; si une différence quelconque avait pu
exister entre le mouvement de l'enveloppe et celui
du noyau liquide, les frottements n'auraient pas

([1]) *Comptes rendus des séances de l'Académie des Sciences,*
20 juillet 1868. Un ballon de $0^m,24$ de diamètre, à moitié plein
d'eau, était suspendu par un fil de 12^m que l'on tordait pour obtenir
des oscillations tournantes d'une grande amplitude et en même
temps d'une petite vitesse. Deux lames de mica, réunies par une
languette de bois que soutenait un fil sans torsion, plongeaient
dans le liquide et permettaient d'en suivre les mouvements (on
observait leurs déplacements sur une bande de papier collée sur
le ballon). Quand le ballon tournait avec des variations de vitesse très petites, le liquide suivait en tous points son mouvement. Une vitesse de deux tours en trois minutes donnait le
meilleur résultat.

tardé à la détruire. Les actions perturbatrices de la précession et de la nutation impriment à l'enveloppe solide un mouvement de rotation extrêmement lent qui se combine avec celui qu'elle possède déjà ; la question est de savoir si le liquide intérieur participera à ce mouvement additionnel ou si la croûte seule en sera affectée.

« Pour moi, dit M. Delaunay, il n'y a pas lieu au moindre doute. Le mouvement additionnel dû aux causes indiquées est d'une telle lenteur, que la masse fluide qui constitue l'intérieur du globe doit suivre la croûte qui l'enveloppe absolument comme si le tout formait une seule masse solide. Les pressions auxquelles sont soumises les diverses parties de la masse liquide sont si énormes, que nous ne pouvons pas nous faire une idée de l'influence que ces pressions peuvent avoir sur le degré de viscosité du fluide dont il s'agit. Mais ce fluide fût-il dans des conditions identiques à celles des liquides que nous voyons autour de nous, cela suffirait pour que les choses eussent lieu comme nous venons de le dire. »

M. Delaunay conclut en affirmant qu'à son avis les phénomènes de la précession et de la nutation ne peuvent fournir aucune donnée sur le plus ou moins d'épaisseur de la croûte solide du globe.

Sir William Thomson considère encore la question sous un autre point de vue. Lorsqu'on cherche à déterminer par la théorie la hauteur des marées, on suppose généralement que les eaux seules cèdent à l'attraction luni-solaire, tandis que l'enveloppe solide de laTerre n'éprouve aucune déformation sous l'influence des forces qui soulèvent l'Océan. Or il est évident qu'une sphère même entièrement solide se déformerait toujours un peu par l'effet de ces forces et que la déformation sera plus sensible encore pour une masse en partie liquide.

Supposons d'abord que la masse entière du globe puisse céder aux forces qui la sollicitent, aussi facilement que si elle était liquide : dans ce cas, les eaux et l'écorce solide se soulèveront tout d'une pièce ; la surface de la mer restera donc toujours à la même distance du fond ; il n'y aura pas de marée visible. En admettant que la masse du globe offre une rigidité moyenne comparable à celle du verre, on trouve qu'elle devra encore subir une déformation égale aux 0,6 de celle qu'elle subirait si elle était liquide, et, ce soulèvement étant retranché de celui de la nappe océanique, la hauteur de la marée n'est plus que les 0,4 de ce qu'elle serait sur une enveloppe invariable. En attribuant à la masse terrestre la rigidité de l'acier, sir W. Thomson trouve qu'elle éprouverait encore une déformation égale au tiers de celle d'une sphère liquide, et les marées apparentes se trouvent par là réduites aux deux tiers de ce qu'elles seraient sur une terre d'une rigidité absolue.

Même en tenant compte de l'incertitude dont reste encore affectée la détermination théorique de la hauteur des marées, sir W. Thomson ne croit pas qu'on puisse admettre que la hauteur réelle ne soit que les 0,4 de la hauteur calculée dans l'hypothèse d'une rigidité absolue ; il en conclut que la Terre doit avoir une rigidité moyenne supérieure à celle du verre, et peut-être à celle de l'acier.

Quant à l'influence que l'élasticité du globe peut exercer sur les phénomènes de la précession et de la nutation, les calculs fondés sur l'hypothèse de la rigidité absolue sont d'accord avec l'observation, et ce résultat semblerait confirmer la conclusion tirée de la considération des marées. Il est vrai que, si la déformation élastique tend à diminuer directement la précession, il existe un effet indirect de cette déformation qui tend à l'augmenter, de sorte que peut-être ces deux effets contraires se balancent à très peu près.

Tout bien considéré, il ne paraît pas d'ailleurs impossible de concilier ces résultats avec l'existence d'une chaleur excessive dans les couches centrales du globe. Il ne faut pas oublier, en effet, que ces couches sont soumises à une pression d'autant plus forte qu'elles sont plus rapprochées du centre. En faisant le calcul avec la loi des densités proposée par M. Roche, je trouve que la pression au centre dépasse 3 millions de kilogrammes par centimètre carré (3 millions d'atmosphères).

Nous n'avons aucune idée de ce que peut être l'état physique des corps soumis à de telles pressions. Les expériences sur la résistance des maté-

riaux nous ont appris que de petits cubes de granit s'écrasent sous un poids de 700^{atm}, le basalte et
le porphyre sous des poids de 2000^{atm} et 2500^{atm};
quand la pression atteint ces limites, les roches se
désagrègent, se pulvérisent intérieurement. Le
cuivre, l'acier, la fonte de fer, résistent à des pressions doubles ou triples; mais que deviennent les
métaux sous une pression cent fois, mille fois plus
forte? Quel est le jeu des forces moléculaires dans
un solide ou dans un liquide soumis à une pression
de plusieurs millions d'atmosphères en même temps
qu'à une température de quelques milliers de degrés? Qu'est-ce que l'état solide ou l'état liquide
quand on se place dans ces conditions? Les données nous manquent absolument pour répondre à
ces questions, et tout ce qu'on pourrait avancer à
cet égard serait purement hypothétique.

« On peut comparer les Mathématiques, a dit
spirituellement M. Huxley, à un moulin d'un travail admirable, capable de moudre à tous les degrés
de finesse; mais ce qu'on en tire dépend de ce qu'on
y a mis, et, de même que le plus parfait moulin du
monde ne peut donner de la farine de froment si l'on
n'y met que des cosses de pois, de même des pages
de formules ne tireront pas un résultat certain
d'une donnée incertaine. »

APPENDICE.

Nous empruntons à un travail de M. Alexis Perrey les deux Tableaux suivants, qui renferment les résultats de ses recherches sur les rapports qui existent entre la fréquence des tremblements de terre et la position de la Lune. Le premier Tableau donne les jours de tremblements qui correspondent aux syzygies (N. L. et P. L. réunies) et aux quadratures (P. Q. et D. Q. réunis), pour six périodes quinquennales, et pour trois périodes plus longues. On a toujours regardé comme distincts les tremblements de terre éprouvés dans des régions différentes, séparées par des régions non ébranlées.

Le second Tableau est destiné à mettre en évidence la fréquence relative du phénomène au périgée et à l'apogée lunaires.

I. — *Fréquence des tremblements de terre relativement à l'âge de la Lune.*

Périodes.	Total.	Syzygies.	Quadratures.	Différence.
1843-47......	1604	850,5	753,5	97,0
1848-52......	2049	1053,5	995,5	58,0
1853-57......	3018	1534,1	1483,9	50,2
1858-62......	3140	1603,0	1537,0	66,0
1863-67......	2845	1463,4	1381,6	81,8
1868-72......	4593	2333,5	2259,5	74,0
1843-72......	17249	8838,0	8411,0	427,0
1801-50......	6596	3434,6	3161,3	273,3
1751-1800....	3655	1901,2	1753,8	147,4

II. — *Fréquence relativement à la distance de la Lune.*

Époques.	1843-1872.	1801-1850.	1751-1800.
Périgée.			
L'avant-veille...... .	649	242	108
La veille	645	244	113
Le jour même........	690	256	99
Le lendemain........	644	234	102
Le surlendemain.....	662	247	104
Total..........	3290	1223	526
Apogée.			
L'avant-veille........	582	221	90
La veille...........	594	229	100
Le jour même.......	618	219	90
Le lendemain........	627	213	88
Le surlendemain.....	594	231	97
Total............	3015	1113	465
Différence en faveur du périgée.	275	110	61

Si l'on ne compte que la veille, le jour et le lendemain, on a les nombres suivants :

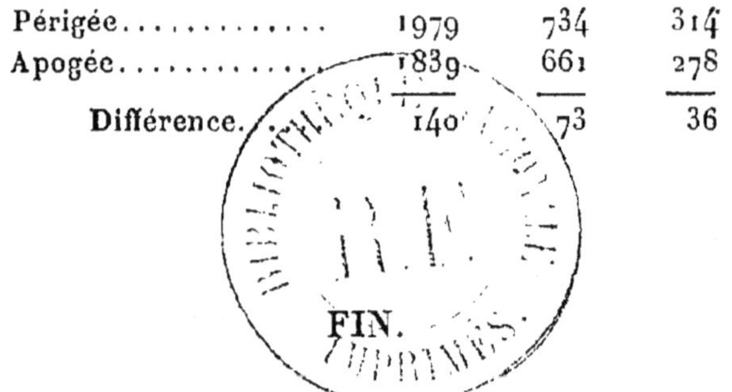

	1843-1872.	1801-1850.	1751-1800.
Périgée...............	1979	734	314
Apogée...............	1839	661	278
Différence.	140	73	36

TABLE DES MATIÈRES.

Pages.

INTRODUCTION..................................... 5

I. — La figure de la Terre. Le niveau moyen des mers et les attractions locales............................. 6

II. — La densité de la Terre. Expériences de Bouguer, de Maskelyne, de M. Airy, de Cavendish, de MM. Cornu et Baille. Recherches de M. Roche............... 16

III. — La chaleur propre de la Terre. Observations faites dans les mines et dans les puits artésiens. Utilisation de la chaleur terrestre. Houillères.......... 27

IV. — Les phénomènes volcaniques. Rôle de la vapeur d'eau. Marées souterraines; recherches de M. A. Perrey. Opinions de sir W. Thomson, de M. W. Siemens, de M. Élie de Beaumont........................ 45

V. — La Cosmogonie de Laplace. Recherches de M. E. Roche. 66

VI. — La rigidité supposée du globe et la théorie de la précession : M. Hopkins, sir W. Thomson, M. Delaunay.. 71

APPENDICE. — Tableaux de M. Perrey................. 80

5719 Imprimerie de GAUTHIER-VILLARS, quai des Augustins. 55.